畜禽新品种配套系

2015

全国畜牧总站　组编

中国农业出版社
北　京

图书在版编目（CIP）数据

畜禽新品种配套系．2015/全国畜牧总站组编．—北京：中国农业出版社，2020.1
ISBN 978-7-109-26672-8

Ⅰ．①畜…　Ⅱ．①全…　Ⅲ．①畜禽—品种—中国—2015　Ⅳ．①S813.9

中国版本图书馆 CIP 数据核字（2020）第 041218 号

中国农业出版社出版
地址：北京市朝阳区麦子店街 18 号楼
邮编：100125
责任编辑：张艳晶
版式设计：杨　婧　　责任校对：刘丽香
印刷：中农印务有限公司
版次：2020 年 1 月第 1 版
印次：2020 年 1 月北京第 1 次印刷
发行：新华书店北京发行所
开本：880mm×1230mm　1/16
印张：9.5
字数：260 千字
定价：65.00 元

编 写 人 员

主　编：王宗礼　时建忠

参　编：刘长春　薛　明

徐　杨　隋鹤鸣

目　录

国绍Ⅰ号蛋鸭配套系

证书编号： 农 10 新品种证字第 5 号

培育单位： 诸暨市国伟禽业发展有限公司
浙江省农业科学院

国绍Ⅰ号蛋鸭配套系 G 系公鸭

国绍Ⅰ号蛋鸭配套系 G 系母鸭

国绍Ⅰ号蛋鸭配套系 S 系公鸭

国绍Ⅰ号蛋鸭配套系 S 系母鸭

国绍Ⅰ号蛋鸭配套系 D 系公鸭

国绍Ⅰ号蛋鸭配套系 D 系母鸭

国绍Ⅰ号蛋鸭配套系父母代公鸭

国绍Ⅰ号蛋鸭配套系父母代母鸭

国绍Ⅰ号蛋鸭配套系商品代蛋鸭

1 培育单位概况

1.1 诸暨市国伟禽业发展有限公司

诸暨市国伟禽业发展有限公司是以专业经营绍兴鸭为主，集绍兴鸭原种保护与开发、种禽种苗、禽蛋与肉制品加工、饲料销售和科技研发于一体的国家高新技术企业、省骨干农业龙头企业、省重点种禽企业、省种畜禽生产示范企业、省农业科技企业、省家禽业协会副会长单位、中国畜牧业协会禽业分会理事单位。

公司始建于1983年，主要从事蛋鸭的养殖；1991年创办孵化厂，开始孵化销售苗鸭；2002年正式成立诸暨市国伟禽业发展有限公司。2005年公司种鸭场晋升为省祖代绍鸭原种场，2012年8月晋升为国家级绍鸭保种场。

公司种鸭场总占地72 000 m^2，建有保种区、育种区、繁育区、生活管理区四个功能区。种鸭场选址和布局合理，鸭舍设备先进，配套设施齐全，为绍兴鸭种质资源保护与新品种开发提供了良好的条件。现有240个家系小间，3栋笼养舍，用于新品种选育。公司孵化厂年孵化良种苗鸭能力达1 000万只，每年向全国100多家一、二级种鸭场提供父母代种鸭100万只，年产商品代苗鸭600万只，销售到全国20多个省（自治区、直辖市）。

公司在品种保护及选育方面有丰富的经验和雄厚的技术力量，公司董事长李国伟是浙江省科技厅首批企业法人科技特派员，拥有中高级技术人员30多人，其中，省“千人计划”专家1名、动物遗传育种与繁殖专业博士5名、硕士8名，动物饲料与营养专业硕士2名，畜牧兽医专业大学生12名。公司与浙江省农业科学院、浙江大学、浙江农林大学建立了长期全面合作关系。依托强大的技术团队，建立了院士专家工作站、博士后工作站、浙江省引进外国智力成果示范推广基地等平台，并创建了绍鸭良种繁育技术公共科技创新平台。积极引进国内外先进技术，不断提高蛋鸭育种技术水平。

公司是浙江省绍鸭科技研发中心，国家水禽产业技术体系杭州试验站示范基地、诸暨蛋鸭选育基地，农业部畜禽养殖标准化示范场，国家绍兴鸭养殖技术标准化示范区，浙江省现代农业园区“诸暨市牌头王家井蛋鸭主导产业示范区”，浙江省农业科学院诸暨蛋鸭良种繁育中心、浙江省绍兴鸭标准化养殖技术示范推广基地、诸暨市绍兴鸭标准化养殖技术示范推广基地。

公司长期致力于蛋鸭品种的选育开发，收集育种素材，选育专门化品系，承担了浙江省农业新品种选育重大科技专项“绍兴鸭青壳系选育与种质可控繁育体系建设”、科技部农业科技成果转化项目“高产早熟蛋鸭配套系中试示范”等项目。公司培育的“国伟牌”绍兴鸭具有品种纯、产蛋高、耗料省、节本增效的优势，经省科技厅验收达到国内同类鸭领先水平，是国家级无公害农产品、浙江名牌农产品、绍兴名牌产品，并荣获省农博会金奖、浙江省著名商标、诸暨市政府特别奖。

公司社会责任感强，以“农业增效、农民增收，实现社会效益和经济效益双赢”为发展宗旨。公司牵头成立了诸暨市国伟禽业专业合作社，拥有社员218人，带动农户3 680余户。以公司为龙头，合作社为纽带，实行“公司+基地+品牌”“合作社+社员+农户”的模式，统一供应种苗、统一供应饲料、统一养殖标准、统一产品品牌、统一回收禽、蛋；开展产、供、销、技一条龙服务。合作社被评为“国家级示范合作社”“浙江省示范性农民专业合”“浙江省百强农民专业合作社”“浙江省优秀示范性农民专业合作社”“浙江省 AAA 级农民专业合作社”，为蛋鸭产业发展和农民发家致富贡献了自己的力量。

1.2 浙江省农业科学院

浙江省农业科学院畜牧兽医所家禽研究室 30 年来持续进行以蛋鸭为核心的家禽遗传育种和配套技术研究，开展了配套系的选育、遗传资源保护和多样性、育种新方法、基因的物理和遗传定位、新基因的发掘与应用、基因组学、基因表达调控、脂类组学、繁殖生理、繁殖新技术、新型养殖技术、产品安全品质、标准化技术等研究，取得了多项突破，在国内外蛋鸭研究领域占有较重要的科技地位，研究成果具有重要的实用价值，享有较高的知名度和影响力。

家禽研究室现有科技人员 9 人，其中，研究员 2 人，副研究员 5 人；博士 6 人；现有浙江大学、南京农业大学、浙江师范大学、扬州大学、福建农林大学、浙江农林大学和新疆农业大学兼职导师 1 人，乌克兰国立环境和生命科学大学荣誉教授 1 人；现有在读博士研究生 8 人，硕士研究生 14 人，在站博士后 3 人。

近年来，主持承担了包括国家现代水禽产业技术体系蛋鸭岗位科学家和综合试验站项目、国家重点国际合作课题、国家重点研发项目课题、国家公益性农业行业专项子课题、国家支撑项目子课题、农业部 948 项目、系列国家和行业标准课题等国家级和省级课题 30 多项；主持获部省级以上成果 11 项，其中，浙江省科学技术奖一等奖 1 项，二等奖 3 项，三等奖 5 项，农业部“神农奖”三等奖 1 项；在国内外学术期刊发表论文 200 余篇，其中，SCI 论文近 50 篇（最高影响因子 13.313）；出版全国教科书 1 部、大型工具书 1 部、科普图书 8 部；获国际发明专利 1 项，国家发明专利 12 项，软件著作权 3 项。

家禽研究室逐步形成了以家禽经典育种和配套技术研究为核心、5 个相应的研究方向（家禽遗传育种学、生物信息学、脂类组学、产品品质研究和产业化技术）的研究团队；创建了中乌（乌克兰）合作浙江省家禽遗传资源评估和利用研究中心，并与美国、俄罗斯、乌克兰等多个国家建立了良好的国际合作关系。

2 培育背景与培育目标

2.1 培育背景

我国是世界水禽大国，蛋鸭饲养量占世界的 70%，年存栏蛋鸭 3 亿只，鸭蛋产量约占我国禽蛋总产量的 16%，蛋鸭产业年总产值约 630 亿元。但是蛋鸭育种存在诸多问题。

（1）缺乏良种，配套系使用少。现有蛋鸭品种均为纯种，在生产过程中不可避免地会出现近交退化现象。由于蛋鸭生产企业资质不够高，缺乏系统选育措施，所生产的苗禽质量难以保证，导致在生产上难以取得稳定的生产业绩和经济效益。

（2）品种混杂退化问题十分严重。养殖品种来源多样，95%以上的种鸭场没有系统的选育，自繁自育，高度近亲繁殖，鸭群整齐度很差，体型外貌、生产性能各异。

（3）育种条件差。投入少，育种技术落后，育种进展慢，育种鸭舍设施简陋。育种技术落后，包括纯系选育和杂交利用工作不细致，很多只是对体型外貌进行粗糙的选种，选配工作很少，育种新方法研究很少。

鸭蛋壳有白壳和青壳两种，以白色为主。但目前青壳蛋比白壳蛋更受市场欢迎。第一，青壳蛋蛋壳厚，硬度高，破损率低，用青壳蛋加工，因破损率降低的利润可提高8%以上；第二，青壳蛋市场售价每千克高于白壳蛋0.2元以上，可以增加养殖者的效益；第三，青壳蛋营养价值高，除赖氨酸外16种氨基酸以及总氨基酸含量都高于白壳蛋；此外，青壳蛋加工的产品不易被鸡蛋假冒，能保护蛋鸭养殖者的利益。

蛋壳颜色遗传机制的研究较早，1949年，Hutt对智利的安科纳鸡产绿壳蛋的性状进行了遗传研究，发现绿壳蛋性状为完全显性性状，该性状由一对等位基因控制。2012年，Zhepeng Wang等研究表明，*SLCO1B3*基因是绿壳蛋鸡蛋壳腺特异表达的基因，同时发现EAV-HP突变能够促进*SLCO1B3*基因的表达。1991年，赖垣忠和张松踪的研究结果表明，鸭蛋的壳色是受一对等位基因控制，青色蛋壳对白色蛋壳为显性。鸭蛋青壳分子机制研究表明，鸭*HO*和*BLVRA*基因片段的cDNA克隆及在输卵管子宫部mRNA表达量能影响蛋壳颜色的形成。

青壳蛋鸭的选育始于20世纪80年代末，由厦门大学生物系、福建省农林科学院畜牧兽医研究所、浙江省农业科学院畜牧兽医研究所先后选育了金定鸭青壳系、莆田黑鸭青壳系、青壳Ⅰ号、青壳Ⅱ号及山麻鸭青壳系等。但目前青壳蛋鸭多为纯系选育，易被自繁复制，无法保护育种者的权益，使制种企业无力进行持续选育。

我国蛋鸭生产以地方品种为主，如绍兴鸭、山麻鸭等为生产上的当家品种。小型地方品种具有开产早、耗料省的特点，但是存在产蛋高峰期不长、抗应激能力差等缺点；而大中型体型的蛋鸭高峰期虽然比较长，但开产时间过迟、耗料多。如何培育开产适中、产蛋量高、总蛋重大的蛋鸭配套系，已经成为蛋鸭产业发展的主要技术瓶颈。

2.2 培育目标

培育开产适中、产蛋量高、总蛋重大的蛋鸭配套系，主要指标：

（1）配套系商品代蛋鸭72周龄产蛋量不低于320个，总蛋重不低于21kg，料蛋比不高于2.7，青壳率高于97%，开产日龄110d左右。

（2）配套系亲本、商品代主要性状变异系数都在10%以内。

（3）采用三系配套，配套系商品代不能留种，F2带青壳率显著下降。

3 国绍Ⅰ号蛋鸭配套系的组成及特征特性

3.1 配套系组成

配套系由3个品种组成，G系为终端父本，S系为母本，D系为第一父本。配套系终端父本，G系源于浙江省地方鸭，是诸暨市国伟禽业发展有限公司保种场、祖代场保有的绍兴鸭原始品种的一个品系；配套系母本S系源于福建地方品种山麻鸭，2006年公司从国家水禽品种资源基因库（福建）引进；配套系第一父本D系源于湖南地方品种攸县麻鸭，2006年从湖南攸县麻鸭原种场引进。配套模式见图1。

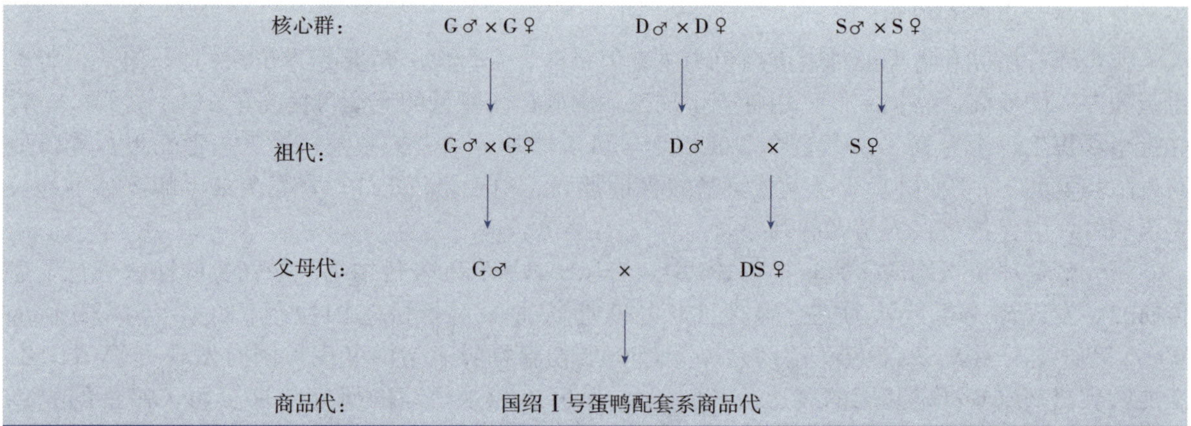

图1　国绍Ⅰ号蛋鸭配套系配套模式

3.2　配套系外貌特征及特性

3.2.1　各品系外貌特征及特性

3.2.1.1　**G系**　成年公鸭羽色多呈淡麻栗色，头、颈上部及尾部均呈墨绿色，富有光泽，并有少量镜羽；颈中间有2～4cm宽的白色羽毛圈，主翼羽和腹臀部呈白色；虹彩灰蓝色，喙豆黑色；喙、胫、蹼呈橘黄色，爪呈白色。

成年母鸭以浅褐色麻雀毛为主，颈中间有2～4cm宽的白色羽毛圈，主翼羽和腹臀部呈白色；虹彩灰蓝色，喙豆黑色；喙、胫、蹼呈橘黄色，爪呈白色。

雏鸭绒羽呈淡黄色。

3.2.1.2　**S系**　成年公鸭羽色以麻栗为主色，头、颈上段及尾部均呈墨绿色，富有光泽，并有少量镜羽；颈下端间有一条的白色颈圈，胸羽赤棕色，腹羽白色；虹彩呈褐色；喙青黄色，喙豆呈黑色；皮肤呈黄色；胫、蹼呈橙黄色，爪呈黑褐色。

成年母鸭羽色为褐麻色；虹彩呈褐色；喙黄色，喙豆黑色；胫、蹼呈橘黄色，爪呈黑褐色。

雏鸭绒毛呈灰黄色，背颈至尾部毛呈黑色。

3.2.1.3　**D系**　成年公鸭头颈上部羽毛呈翠绿色，富光泽，颈中下部具1cm左右宽的白颈圈，颈下部和前胸羽毛赤褐色，翼羽灰褐色，腹羽黄白色，尾羽和性羽黑绿色；喙呈青绿色，嘴豆黑色，虹彩浅褐色，胫、蹼橘黄色，爪呈黑色。

成年母鸭全身羽毛黄褐色具椭圆形黑色斑块，镜羽墨绿色，胫、蹼橘黄色，爪呈黑色或黄褐色。

雏鸭苗绒毛为黄色，胫、蹼橙黄色。

3.2.2　父母代种鸭外貌特征

3.2.2.1　**公鸭**　羽色多呈淡麻栗色，头、颈上部及尾部均呈墨绿色，富有光泽，并有少量镜羽；颈中间有2～4cm宽的白色羽毛圈，主翼羽和腹臀部呈白色；虹彩灰蓝色，喙豆黑色；喙、胫、蹼呈橘黄色，爪呈白色。

3.2.2.2　**母鸭**　体型较小，体躯狭长，嘴长颈细，背平直腹大，臀部丰满下垂。全身羽毛为褐麻色；虹彩呈褐色；喙黄色，喙豆黑色；胫、蹼呈橘黄色，爪呈黑褐色。

3.2.3 商品代外貌特征

体型中等，体躯狭长，嘴长颈细，背平直腹大，臀部丰满下垂。全身羽毛为褐麻色。

3.3 配套系生产性能

3.3.1 各品系生产性能

3.3.1.1 **G系生产性能** 见表1。

表1 G系生产性能

性 状	性能指标
开产日龄	125～130
72周龄平均产蛋量（个）	318～320
青壳率（%）	100
种蛋合格率（%）	94～96
受精率（%）	93～95
受精蛋孵化率（%）	85～90
育成期成活率（%）	98.25
入舍母鸭成活率（%）	98.19
淘汰母鸭体重（g）	1 500～1 550

3.3.1.2 **S系生产性能** 见表2。

表2 S系生产性能

性 状	性能指标
开产日龄	110～120
72周龄平均产蛋量（个）	320～325
种蛋合格率（%）	93～95
受精率（%）	92～94
受精蛋孵化率（%）	85～90
育成期成活率（%）	98.06
入舍母鸭成活率（%）	98.11
淘汰母鸭体重（g）	1 440～1 480

3.3.1.3 **D 系生产性能** 见表 3。

表 3 D 系生产性能

性 状	性能指标
开产日龄	120～130
72 周龄平均产蛋量（个）	315～318
种蛋合格率（%）	92～94
受精率（%）	90～94
受精蛋孵化率（%）	85～90
育成期成活率（%）	98.01
入舍母鸭成活率（%）	98.07
淘汰母鸭体重（g）	1 280～1 330

3.3.2 父母代种鸭生产性能

见表 4。

表 4 父母代种鸭生产性能

性 状	性能指标
开产日龄	111～113
72 周龄平均产蛋量（个）	322
种蛋合格率（%）	92～95
受精率（%）	93～95
受精蛋孵化率（%）	85～90
育成期成活率（%）	98.05
入舍母鸭成活率（%）	98.14
淘汰母鸭体重（g）	1 300～1 400

3.3.3 商品代生产性能

根据农业部家禽品质监督检验测试中心（扬州）测定，配套系商品代蛋鸭的主要生产性能见表 5。

表 5 商品代蛋鸭生产性能

性 状	性能指标
开产日龄	108
72 周龄平均产蛋量（个）	326.9
平均蛋重（g）	69.6
青壳率（%）	98.2
产蛋期蛋料比	1∶2.62
育成期成活率（%）	97.6
入舍母鸭成活率（%）	97.5
淘汰母鸭体重（g）	1 521.3

4 配套系选育技术路线及主要选育性状

4.1 选育技术路线

4.1.1 制订育种目标

根据市场对蛋鸭的需求，结合现有蛋鸭种质资源，以提高蛋鸭养殖效益、产品品质为主要目的，制订配套系的育种目标。

4.1.2 育种素材选择

根据制订的育种目标，选择合适的育种素材。配套系以能产青壳蛋高产蛋鸭品种作为父系，母系选择性成熟早、蛋壳颜色以白壳为主的蛋鸭品种。选育程度较低的地方品种收集素材以后需要进行纯繁扩群 1～2 个世代，同时，测定其生产性能。育种技术路线见图 2。

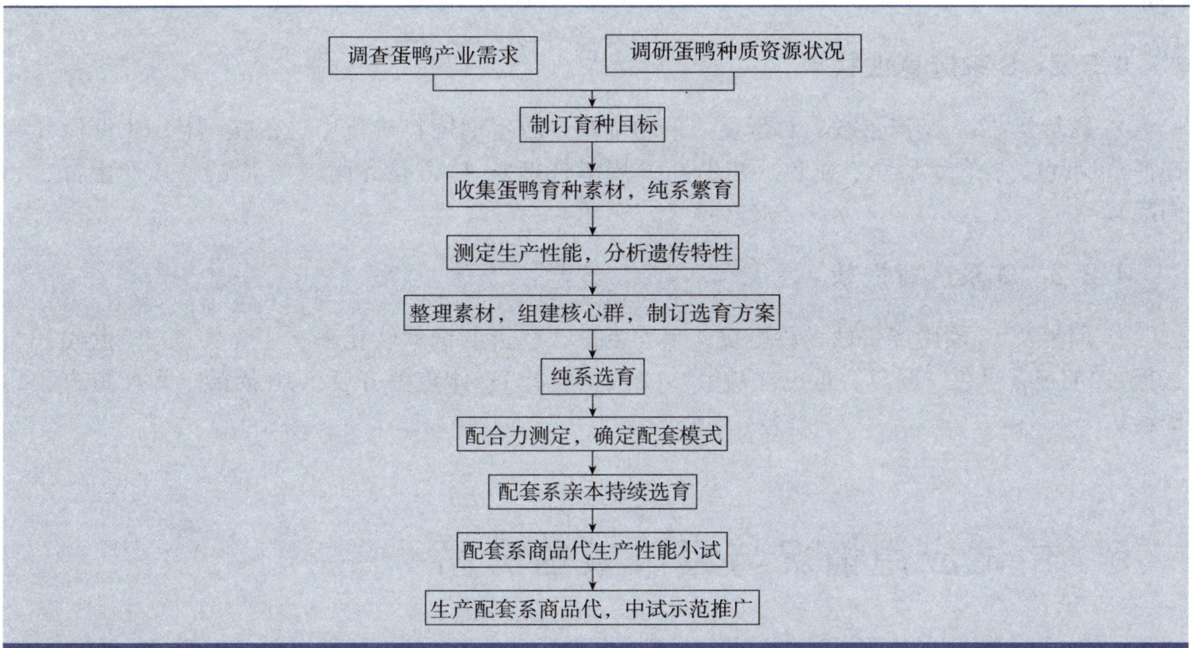

图 2 育种技术路线

4.1.3 亲本纯系选育

配套系父系主要选育提高青壳率、平均蛋重、总蛋重，同时兼顾产蛋量、成活率。母系重点选育提高产蛋量、饲料转化率。

4.1.4 配合力测定

通过测定不同品系之间的配合力，确定配套系的配套模式，以及各品种纯系选育的主要性状。

4.1.5 配套系商品代小试及配套养殖技术研究

为确定配套系商品代生产性能是否达到目标，开展养殖试验，同时，为了充分发挥配套系的遗传潜力，研究开发配套的饲养管理技术、疫病防治技术等。

4.1.6 配套系中试应用

为了进一步验证配套系在不同地区、不同饲养模式下的生产性能是否稳定，同时推广配套的饲养技术，配套系在主管部门的批准下进行中试应用。

4.2 主要选育性状

配套系父系主要选育提高青壳率、平均蛋重、总蛋重，同时兼顾产蛋量、成活率。母系重点选育提高产蛋量、饲料转化率。

4.2.1 G系选育性状

43周龄及72周龄产蛋数、总蛋重、平均蛋重、产蛋期成活率、蛋壳颜色（4世代开始选择）；羽色、喙色、胫色、爪色（初生、10周龄选择）；体重整齐度（10周龄、入产蛋舍、43周龄）。

4.2.2 S系选育性状

43周龄及72周龄产蛋数、总蛋重、平均蛋重、产蛋期饲料转化率、蛋壳颜色（4世代开始选择）；羽色、喙色、胫色、爪色（初生、10周龄选择）；体重整齐度（10周龄、入产蛋舍、43周龄）。

4.2.3 D系选育性状

43周龄及72周龄产蛋数、总蛋重、平均蛋重、产蛋期饲料转化率、蛋壳颜色（4世代开始选择）；羽色、喙色、胫色、爪色（初生、10周龄选择）；体重整齐度（10周龄、入产蛋舍、43周龄）。

5 中试应用情况与经济效益分析

5.1 中试规模

2013年1月至2014年12月，在浙江省内选取了诸暨市店口镇灿明绍鸭良种场、浙江武义田歌实业有限公司、建德市梅城桐溪禽类专业合作社、德清县利虹禽业有限公司等多家单位和养殖户进行中间试验，共中试“国绍Ⅰ号”蛋鸭配套系商品代550万只，具体中试数量和应用地区详见表6。

表 6 商品代中试数量

年度	中试地区	中试量
2013	绍兴、杭州、金华、丽水、宁波	200 万羽
2014	绍兴、杭州、金华、丽水、宁波、台州、湖州	250 万羽

5.2 生产性能表现

中试应用情况调查表明，国绍Ⅰ号蛋鸭配套系商品代外貌一致，生产性能稳定，青壳率高，饲料报酬高，抗病力强，适应性和抗逆性良好。配套系商品代体型较小，淘汰体重 1.5kg 左右，淘汰老鸭符合市场对麻鸭老鸭的消费需求，养殖效益良好。

对 6 个中试应用单位的生产数据进行统计分析，“国绍Ⅰ号”蛋鸭配套系商品代主要生产性能指标良好，详见表 7。

表 7 国绍Ⅰ号蛋鸭配套系商品代生产性能指标

性能指标	配套系商品代
开产日龄	108
72 周龄平均产蛋量（个）	324
平均蛋重（g）	69.8
青壳率（%）	98
产蛋期蛋料比	1∶2.68
育成期成活率（%）	98.11
入舍母鸭成活率（%）	97.84
淘汰母鸭体重（g）	1 460

5.3 经济和社会效益

青壳蛋比白壳蛋更受市场欢迎，国绍Ⅰ号蛋鸭配套系产蛋量高，开产早，青壳率高，饲料消耗少，增加了 3%～5%养殖效益；配套系蛋壳质量好，破损率低，提高了加工企业 4%～5%的隐性盈利；青壳蛋营养价值高，提高了居民膳食质量；配套系杂交优势明显，抗病力强，减少了药物的使用，为社会提供优质安全的产品。

6 育种成果的先进性及作用意义

6.1 育种成果的先进性

（1）具有明显的配套系技术可控性。利用蛋壳颜色遗传机制，实现了种质的可控。保护制种企业的利益，为品种的持续选育提供了保障。一般的蛋鸭配套系商品代自繁以后生产性能虽然下降，但是养殖户不易察觉。国绍Ⅰ号蛋鸭配套系商品代自繁，青壳率会出现明显的下降，不仅可以保护制种企业的利益，还可保护养殖户的利益。

（2）选育技术创新。配套系选育过程中开展了蛋鸭笼养技术的研究，该技术研制成功为蛋鸭个体选育奠定了基础。从育种笼具的设计到饲养管理技术的研究，形成了蛋鸭个体选育的标准化技术。在最后2个世代中开展了蛋鸭笼养个体选育，取得了较好的效果。同时，开展了分子标记辅助选择技术的探索。

（3）综合性能领先。配套系集成了高产、青壳、早熟等提高蛋鸭养殖效益的优势性状。开产日龄早，育成成本低、周期短；产蛋高峰持续时间长，产蛋量高，饲料报酬高；青壳率高，蛋壳颜色一致性好，深受加工企业的欢迎；淘汰老鸭体型外貌符合消费需求。因此，国绍Ⅰ号蛋鸭配套系饲养效益高。

6.2 育种成果的作用意义

国绍Ⅰ号蛋鸭配套系产蛋量高，开产早，青壳率高，饲料消耗少，增加了3%～5%养殖效益，配套系蛋壳质量好，破损率低，提高了加工企业的隐性盈利，促进了农业增效和农民增收，经济效益十分明显。青壳蛋营养价值高，提了居民高膳食质量；配套系杂交优势明显，抗病力强，减少了药物的使用，为社会提供优质安全的产品。配套系生产性能好、种质可控，提高了企业的核心竞争力。配套系丰富了蛋鸭种源基础，促进了我国地方蛋鸭品种的保护和开发利用。

7 推广应用的范围、条件和前景

国绍Ⅰ号蛋鸭配套系青壳率高、低耗、适应性好、抗病力强，与合适的饲养模式相配套，可适合于不同环境气候条件地区饲养，可以在全国范围内推广。同时，配套系还适用于各种养殖方式，放养、圈养、笼养都可，尤其是笼养性能良好。目前，在生态环境的压力和产业化的需求下，笼养已经成为未来蛋鸭产业的发展方向，笼养配套系的培育将加快笼养技术的推广，促进蛋鸭产业化发展。

国绍Ⅰ号蛋鸭配套系具有明显的生产、经济性能优势，为广大养鸭农户所接受，市场售价每千克高于白壳蛋0.2元，加上饲养管理、疫病综合防治、产品加工等配套技术措施，将保证养鸭农户获得合理的经济报酬，进而有力地带动蛋鸭行业的产业化发展，市场前景广阔。

天农麻鸡配套系

证书编号：农 09 新品种证字第 60 号
培育单位：广东天农食品有限公司

天农麻鸡配套系祖代 L 系公鸡

天农麻鸡配套系祖代 L 系母鸡

天农麻鸡配套系祖代 M 系公鸡

天农麻鸡配套系祖代 M 系母鸡

天农麻鸡配套系祖代 K 系公鸡

天农麻鸡配套系祖代 K 系母鸡

天农麻鸡配套系父母代公鸡

天农麻鸡配套系父母代母鸡

天农麻鸡配套系商品代公鸡

天农麻鸡配套系商品代母鸡

1 培育单位概况

广东天农食品有限公司（以下简称“天农公司”），注册资金 8 033.0734 万元，总部位于清远市清城区飞来峡镇。天农公司实施“公司＋基地＋家庭农场＋标准化＋品牌”的经营战略，秉承“经营天下农产品，助天下农民获利”的企业理念，追崇“发展健康养殖，生产绿色食品”的经营宗旨，形成以家禽养殖、饲料生产、食品加工为一体的产业化格局，2008 年被认定为国家扶贫农业龙头企业，2009 年被认定为广东省农业龙头企业。

天农公司设有天农食品技术中心，主要包括育种中心、禽病防治中心、科研基地、培训中心、养殖管理中心、饲料配方设计室、饲料质量检测中心、饲料技术科研小组、食品检测中心、肉食品产品研发中心。研发人员共 67 人，其中，高级职称 12 人，中级职称 20 人；博士 3 人，硕士 12 人，本科 20 人。公司与佛山科学技术学院、华南农业大学、中国农科院家禽研究所等多所高校及科研院所建立了良好合作关系。拥有饲料厂两个，年产 20 万 t；拥有国家级清远麻鸡原种保种场和 3 个清远麻鸡良种繁育场，年产优质清远麻鸡苗可达 2 000 万只；拥有专门育种场一个，育种鸡舍 12 栋，有单体笼位 17 022 个，单体孵化机 10 台，每台每批次可以孵 17 000 个蛋。2012 年销售收入 57 740 万元，实现利润总额 884 万元；在广东省内合作养户约 6 000 多户，分布于清远市各县区和佛山、肇庆、广州等地。

公司技术力量雄厚，坚持“以质量求生存、以科技创效益、以品牌促发展”的思路，专注于优质家禽产品的生产与营销，已经通过了 ISO9001：2008 质量管理体系认证、HACCP 食品安全管理体系认证和 GAP 国家良好农业行为规范认证。

2010 年，公司的主打产品“清远麻鸡”被国家质量监督检验检疫总局授予“地理标志保护产品”。产品凤中皇清远麻鸡获得“广东省名牌产品”和“广东省著名商标”称号。其中，凤中皇清远麻鸡、凤中皇清远麻鸡（冰鲜）和凤中皇清远麻鸡初生蛋三个产品通过国家绿色食品产品认证，凤中皇清远麻鸡和凤中皇清远麻鸡初生蛋获有机产品认证。公司的拳头产品凤中皇清远麻鸡、凤中凤清远麻鸡、清远麻鸡初生蛋、飞来峡走地鸡、凤须黄鸡等已经成为高档禽肉产品和品牌的佼佼者，畅销珠三角和整个华南地区，远销北京、华东和西北等各大城市，深受广大消费者的欢迎与赞誉。

2 培育背景与培育目标

2.1 培育背景

中国肉鸡主要由白羽肉鸡和黄羽肉鸡两部分组成。随着人们生活水平的提高，黄羽肉鸡以其外貌美观、肉质鲜美而得到消费者的广泛喜爱，逐渐成为国内肉鸡市场消费的主导。但由于优质型肉鸡生长速度慢、群体均匀度差、繁殖力较低等缺点制约了优质鸡规模化高速发展。通过现代先进的育种手段，培育出适合市场需求的优质肉鸡，是提高我国优质肉鸡生产效益的重要方向之一。

清远麻鸡（俗称清远鸡），因母鸡背羽面点缀着无数芝麻样斑点而得名，为广东省最著名的优质地方鸡种，被誉为岭南第一鸡，早已纳入《中国家禽品种志》。清远麻鸡历史悠久，早于宋朝便为清远劳动人民所喜爱，并经长期民间饲养选育而成，宋朝建炎三年（公元 1129 年）始翩经四修于明而成书的《清远县志》中就有关于清远麻鸡养殖的记载。“无鸡不成宴”已成为广东人的饮食习俗。采用清远麻鸡中最优质的麻鸡作为原材料，1965 年清平饭店创制了著名的广州清平鸡，1990 年佛山宾馆创制了佛宾清香鸡等著名鸡肴。1972 年美国总统尼克松第一次访问中国，清远麻鸡被定为国宾佳肴，其后中日邦交的使者田中角荣首相访华也慕名品尝清远麻鸡，2004 年清远麻鸡也被指定用于宴请香港特首曾荫权先生。清远麻鸡保持了野生原鸡相似体形外观和肉质特征，其鲜美的肉质早已广受名人和民众的赞誉。

作为优秀的地方品种——清远麻鸡，在未经系统专门化选育前，常具有如下一些缺点：生长周期长（一般要饲养 160～180d）、群体体重均匀度差（30%～40%的均匀度）、性发育迟且不一致（公鸡打鸣一般在 60～70 日龄，且冠高发育一致性差）、繁殖力差（在全价饲料饲养下种母鸡一年产蛋在 80 个左右，母鸡抱窝性强、周期长），这些不足已严重制约了这个优秀品种的规模化高速发展。为了发挥清远麻鸡的优势，提高清远麻鸡的商品性能，广东天农食品有限公司在清远麻鸡的基础上，利用早熟性的广西优质地方品种——广西麻鸡（俗称灵山土鸡）进行多品系的杂交配套，培育出了适合南方地区的天农麻鸡配套系，以此达到保护和开发清远麻鸡的双重目的。

2.2 培育目标

根据市场需求、育种素材的生产性能和公司育种能力等综合因素，确定了育种目标，具体如下。

2.2.1 父母代种鸡性能

父母代种母鸡为麻慢羽，繁殖性能好，商品代鸡苗快慢羽自别雌雄，66 周饲养日产蛋数 160 个左右，种蛋平均受精率达到 94.0%以上。体型外貌要求为麻羽、胫细、头细、体型小。公鸡为快羽，胸毛黑色，鞍羽为红褐色，尾羽长，体型为明显的楔形。

2.2.2 商品肉鸡性能

商品鸡首先要求出生能达到自别雌雄，为纯麻羽，其母鸡快羽，具有清远麻特有的外貌特征，即“一楔、二细、三麻身”，呈三黄。身体呈楔形（一楔），头细、骨细（二细），群体全身麻羽（芝麻点、黄麻为主），以黄麻、褐麻、黑麻为主体，脚黄、嘴黄、皮黄（三黄），头清秀、冠高且红、脖子细、胫细且短为黄色、干毛好、毛孔细密、喙黄色、皮黄色；110 日龄体重在 1 400～1 500g，饲料转化比为 3.7∶1 左右，上市肉鸡达到“肉香嫩”“骨细脆”“皮黄滑”“味香浓”。公鸡慢羽，单冠直立、具有清远麻公鸡固有的野生羽色，胸毛黑色，主翼羽黑褐色，鞍羽为红褐色、尾羽为黑色。90 日龄公鸡体重 1 600～1 800g，公鸡饲料转化比在 3.9∶1。

3 天农麻鸡配套系的组成及特征特性

3.1 配套系组成

天农麻鸡配套系属羽速自别雌雄的三系配套，以 K 系鸡为父本，M 系和 L 系杂交后代 ML

为父母代的母本，最终生产优质型的黄脚麻羽商品代肉鸡。配套系充分利用了羽速自别雌雄和父本与母本的杂种优势，其配套模式见图1。

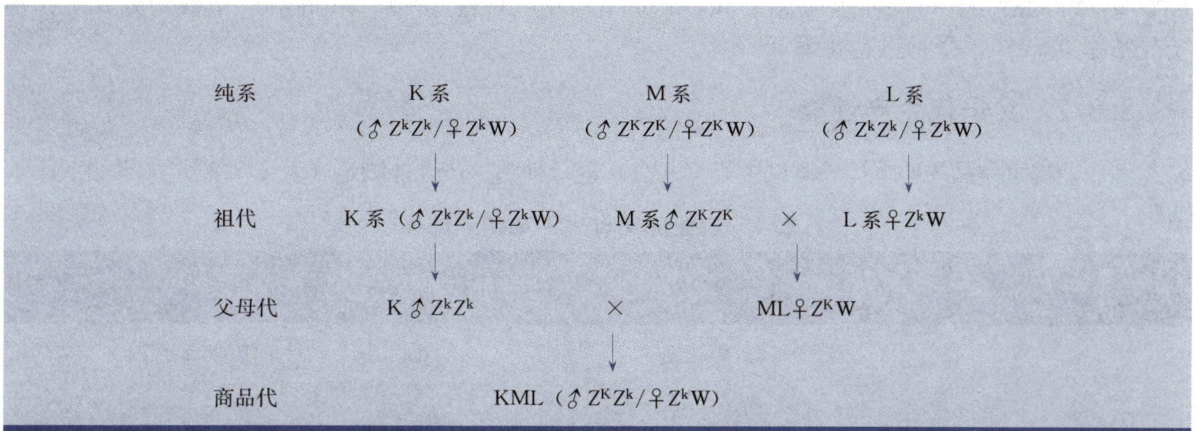

图1 天农麻鸡的配套模式

3.2 配套系外貌特征及特性

3.2.1 各品系外貌特征及特性

3.2.1.1 **K系** 麻羽、快羽、黄胫、黄皮肤、冠大而红，公鸡冠齿在5～7个，鸡胫细且短，头小清秀、尾巴毛长、胸宽快羽等。

3.2.1.2 **M系** 麻羽、慢羽，黄皮肤、单冠、繁殖性能高，体型呈楔形，尾巴毛短。

3.2.1.3 **L系** 麻羽，快羽，单冠，黄皮肤，体型呈倒三角形，产蛋量高，生长速度中等。

3.2.2 父母代外貌特征

3.2.2.1 **公鸡** 快羽，胸毛褐色，尾羽黑，鞍羽枣红、胸宽背直，单冠，黄胫、早熟。

3.2.2.2 **母鸡** 慢羽，麻羽，黄胫，单冠，早熟，产蛋性能高。

3.2.3 商品代外貌特征

商品代肉鸡黄脚、黄喙、黄皮肤；其中公鸡为慢羽，其胸毛、主翼羽和尾羽黑色，肩羽和鞍羽枣红色；母鸡麻羽，快羽，性成熟早，冠大直立，鲜红；体型呈楔形，前躯紧凑，后躯圆大，胫细；背羽面主要有麻黄、麻棕、麻褐三种颜色。

3.3 配套系生产性能

3.3.1 各品系生产性能

3.3.1.1 **K系** 6周龄公、母鸡体重为605.4g、535.3g，15周龄公、母鸡体重为1 836g、1 502g，40周龄公、母鸡体重为2 411g、1 781g；开产日龄138d，66周龄产蛋数134.3个；种蛋受精率93.1%，受精蛋孵化率91.1%。

3.3.1.2 **M系** 6周龄公、母鸡体重为648.6g、479.7g，15周龄公、母鸡体重为1 466g、1 235g，40周龄公、母鸡体重为2 146g、1 592g；开产日龄139d，66周龄产蛋数164个；种蛋

受精率 95.1%，受精蛋孵化率 92.1%。

3.3.1.3 L系 6 周龄公、母鸡体重为 573.1 g、483.1g，15 周龄公、母鸡体重为 1 412g、1 051g，40 周龄公、母鸡体重为 2 063g、1 660g；开产日龄 139d，66 周龄产蛋数 168.5 个；种蛋受精率 93.0%，受精蛋孵化率 92.4%。

3.3.2 父母代生产性能

经农业部家禽品质监督检验测试中心（北京）进行种鸡生产性能测定（表 1），测定结果如下：

表 1 农业部父母代种鸡测定结果

检验项目		单位	实测值
母系送测种蛋孵化性能	入孵蛋重	g	45.25±3.79
	种蛋受精率	%	96.93
	受精蛋孵化率	%	95.38
	入孵蛋孵化率	%	92.46
	健雏率	%	99.89
母系繁殖指标	开产日龄	d	143
	入舍鸡产蛋数（22～66 周龄）	个	171
	入舍鸡合格种蛋数	个	152
	种蛋合格率（22～66 周龄）	%	94
	入舍鸡提供合格雏鸡数	只	132
	饲养日产蛋数（22～66 周龄）	个	182
	饲养日合格种蛋数	个	162
	全期鸡蛋破损率	%	0.86
母系生长性能指标	0～21 周龄成活率	%	97
	产蛋期成活率	%	94
	初生体重	g	28.5±2.9
	6 周龄末体重	g	474.1±43.2
	18 周龄末体重	g	1 138.7±89.0
	开产体重	g	1 438.7±116.9
	66 周龄末体重	g	1 695.7±140.9
	0～24 周龄总耗料	g	6 097

备注：产蛋期统计周龄为 22～66 周龄，种蛋统计周龄为 25～66 周龄。

3.3.3 商品代生产性能

3.3.3.1 **主要生产性能** 经农业部家禽品质监督检验测试中心（北京）进行，商品代肉鸡生产性能测定，测定结果见表 2。

表 2　农业部商品代肉鸡测定结果（13 周龄）

检验项目		检验结果
样品种蛋孵化性能	种蛋受精率（%）	96.3
	受精蛋孵化率（%）	91.9
	入孵蛋孵化率（%）	88.5
	健雏率（%）	99.6
群体平均生产性能	出栏日龄	91
	出栏体重（g）	1 548.6
	饲料转化比	3.56∶1
	成活率（%）	97.5
群体平均出栏肉品质	皮脂厚（mm）	6.68
	屠宰率（%）	85.01
	半净膛率（%）	79.46
	全净膛率（%）	60.80
	翅膀率（%）	12.53
	腿比率（%）	33.81
	腿肌率（%）	22.42
	胸肌率（%）	18.28
	腹脂率（%）	4.32
	胸肌 pH	5.65
公鸡生产性能	初生体重（g）	33.5±2.6
	出栏体重（g）	1 645.3±77.3
	胫长（cm）	8.51±0.40
	胫围（cm）	3.94±0.19
	饲料转化比	3.47∶1
	成活率（%）	97.0
公鸡出栏肉品质	皮脂厚（mm）	5.95±0.85
	屠宰率（%）	85.00±1.94
	半净膛率（%）	80.93±5.26
	全净膛率（%）	62.79±4.50
	翅膀率（%）	12.88±0.43
	腿比率（%）	35.46±2.27
	腿肌率（%）	23.64±1.42
	胸肌率（%）	17.43±1.03
	腹脂率（%）	2.02±1.63
	胸肌 pH	5.69±0.04

（续）

检验项目		检验结果
母鸡生产性能	初生体重（g）	32.8±2.7
	出栏体重（g）	1 473.4±54.8
	饲料转化比	3.64∶1
	胫长（cm）	7.13±0.30
	胫围（cm）	3.60±0.20
	成活率（%）	98.0
母鸡出栏肉品质	皮脂厚（mm）	7.25±1.33
	屠宰率（%）	85.01±1.02
	半净膛率（%）	78.32±1.09
	全净膛率（%）	59.26±2.62
	翅膀率（%）	12.27±0.75
	腿比率（%）	32.53±1.51
	腿肌率（%）	21.47±1.28
	胸肌率（%）	18.93±1.88
	腹脂率（%）	6.12±1.17
	胸肌 pH	5.62±0.10

3.3.3.2 **肉质性能** 配套系公母鸡的肉质营养特性与清远麻鸡接近，从加工学指标方面商品鸡均属于优质鸡（表3至表5）。为进一步评价其肉质特性，对公鸡和母鸡采取新鲜样品送中国广州分析测试中心进行氨基酸、肌苷酸等指标的检测（表5），配套系商品鸡表现为谷氨酸含量最高，依次为天门冬氨酸、赖氨酸、亮氨酸、精氨酸和丙氨酸，酪氨酸和蛋氨酸等含量相对较低。胸肌氨基酸总量、鲜味氨基酸总量、必需氨基酸分别在20.85～23.21、7.77～8.71、9.01～9.97；腿肌氨基酸总量、鲜味氨基酸总量、必需氨基酸分别在18.75～18.97、7.22～7.42、8.08～8.09。无论公鸡还是母鸡，均表现出肌苷酸含量胸肌明显高于腿肌，达2倍以上。

表3 清远麻鸡和天农麻鸡108日龄商品代肉品营养成分

部位	测定指标	清远麻鸡		天农麻鸡配套系商品代	
		公鸡	母鸡	公鸡	母鸡
胸肌（n=20）	水分（%）	73.15±0.32	72.22±0.35	73.08±0.31	72.57±0.34
	粗蛋白质（%）	25.06±0.40	25.19±0.39	25.15±0.22	26.05±0.32
	肌内脂肪质（%）	1.69±0.03	1.74±0.02	1.82±0.03	1.71±0.04
腿肌（n=20）	水分（%）	73.23±0.33	73.73±0.46	73.98±0.30	73.24±0.42
	粗蛋白质（%）	24.73±0.16	23.58±0.38	24.56±0.12	23.92±0.24
	肌内脂肪（%）	1.98±0.04	1.93±0.14	2.14±0.51	1.96±0.12

注：测定单位为佛山科学技术学院。

表 4　天农麻鸡商品代肌肉品质的检测

性别	部位	pH_1	pHu	剪切力(N)	贮存损失(%)	蒸煮损失(%)
公鸡(n=30)	胸肌	5.76±0.19	5.62±0.07	32.14±11.17	1.82±0.71	32.78±3.39
	腿肌	5.86±0.15	5.75±0.09	31.95±10.58	2.25±0.81	38.36±2.85
母鸡(n=30)	胸肌	5.74±0.14	5.60±0.12	31.85±16.27	2.38±1.52	35.15±5.16
	腿肌	5.80±0.06	5.68±0.09	25.38±3.43	1.61±0.39	38.23±3.19

注：测定单位为佛山科学技术学院。

表 5　商品代天农麻肉鸡氨基酸（g，以 100g 计）和肌苷酸含量的比较

氨基酸种类	公鸡胸肌	母鸡胸肌	公鸡腿肌	母鸡腿肌
天门冬氨酸（Asp）*	2.27	2.05	1.84	1.84
苏氨酸（Thr）	1.09	0.98	0.89	0.9
丝氨酸（Ser）	0.95	0.85	0.82	0.82
谷氨酸（Glu）*	3.83	3.42	3.32	3.3
甘氨酸（Gly）*	1.15	0.98	1.05	0.91
丙氨酸（Ala）*	1.46	1.32	1.21	1.17
缬氨酸（Val）	1.15	1.05	0.91	0.9
蛋氨酸（Met）	0.69	0.62	0.55	0.55
异亮氨酸（Ile）	1.12	1.02	0.9	0.9
亮氨酸（Leu）	1.96	1.77	1.59	1.59
酪氨酸（Tyr）	0.88	0.78	0.71	0.71
苯丙氨酸（Phe）	0.99	0.88	0.81	0.81
赖氨酸（Lys）	2.09	1.91	1.72	1.73
组氨酸（His）	1.03	0.94	0.5	0.52
精氨酸（Arg）	1.56	1.41	1.31	1.28
脯氨酸（Pro）	0.99	0.87	0.84	0.82
氨基酸总量（TAA）	23.21	20.85	18.97	18.75
鲜味氨基酸	8.71	7.77	7.42	7.22
必需氨基酸（EAA）	9.97	9.01	8.08	8.09
肌苷酸（mg/100g）	292	283	111	104

注：* 为鲜味氨基酸。

4 天农麻鸡配套系选育技术路线及主要选育性状

4.1 选育技术路线

品种培育技术路线主要通过运用现代分子数量遗传育种有关原理，重点构建了专门化的快慢羽品系和早熟品系，达到多品系的配套和杂交利用，通过配合力测定筛选最优组合，经过中试后在生产上规模化应用（图 2）。

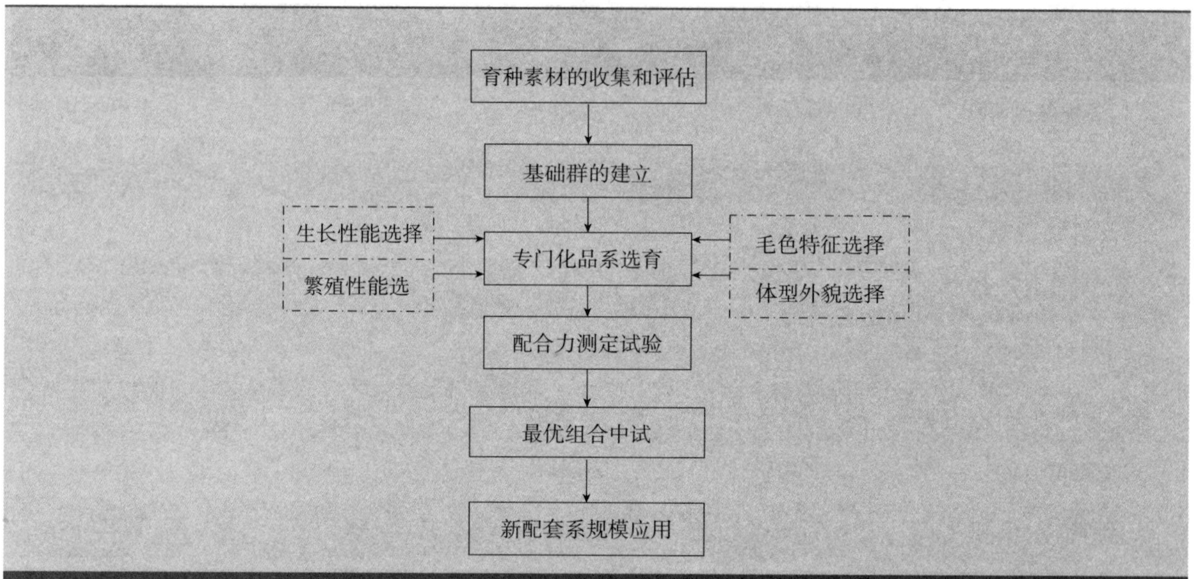

图 2 配套系选育技术路线

4.2 主要选育性状

4.2.1 K 系选育性状

在原有地方品种清远麻鸡的基础上，选择麻羽、黄胫、冠大而红，公鸡冠齿在 5～7 个，鸡胫细且短，头小清秀、快羽等外貌特征符合品种要求的鸡组成基础群，进行闭锁群繁育，重点选择快羽鸡的早期增重、体重均匀度、早熟特征、羽毛早熟性（干毛、通管）、体型外貌。主要选择性状有：羽色、10 周龄、15 周龄胫长、胫围、体斜长、龙骨长和冠高；6 周龄、10 周龄、15 周龄和 40 周龄的体重；0～20 周龄成活率，产蛋期成活率；开产日龄、40 周龄产蛋数、66 周龄产蛋数、40 周龄蛋重、受精率和孵化率。

4.2.2 M 系选育性状

利用清远麻保种群中的慢羽群体，通过测交淘汰含快羽基因的个体，进行闭锁繁育，组建 M 系基础群，目标主要是提高母鸡的繁殖性能。重点选择羽速和繁殖性能。主要选择性状有：开产日龄、40 周龄和 66 周龄产蛋数、蛋重、受精率、孵化率，公鸡的精液品质（精液量和精子活力）；初生重及 6 周龄、10 周龄、15 周龄和 40 周龄的体重；0～20 周龄成活率，产蛋期成活率；羽色、快慢羽、胫色、105 日龄胫长、胫围、体斜长、龙骨长和冠高。

4.2.3 L 系选育性状

在广西壮族自治区灵山县当地收集的广西灵山麻鸡的后代，选留外观基本和清远麻鸡一致的个体组成 L 系基础群，并通过测交淘汰黑羽等毛色不合格的个体，选留麻羽、体型符合要求的个体，重点选育繁殖性能。主要选择性状有：开产日龄、40 周龄及 66 周龄产蛋数、蛋重、受精率和孵化率；初生重及 6、10、15 以及 40 周龄公母鸡体重；0～22 周龄成活率，产蛋期成活率；羽色、羽速、胫色、10 周龄和 15 周龄胫长、胫围、体斜长、龙骨长和冠高。

5 中试应用情况与经济效益分析

2012—2014 年，中试父母代种鸡产蛋数、生活力、受精率和孵化率明显提高，每只种鸡饲养成本相对地方优质鸡可减少 3 元，在公司外推广父母代鸡 10.5 万套，商品鸡 757 万只；加上公司内部一体化推广，累计推广父母代种鸡 180 万套，商品代 4 097 万只（表 6），企业新增产值 104 235.2 万元，新增利税 12 556.2 万元。

表 6 配套系中试数量

单位：万只

年度	地点	父母代数量	地点	商品代数量
2012	清远	74.5	清远	1 630
			云浮	137
	合计	74.5		1 767
2013	清远	20.5	清远	530
	合计	20.5		530
2014	清远	85	清远	1 630
			云浮	170
2014	合计	85		1 800

6 育种成果的先进性及作用意义

（1）首次在清远麻鸡中运用现场测交结合快慢羽基因分子分型技术，加速了慢羽基因的提纯，缩短了选育年限，培育了清远麻鸡快慢羽专门化品系。

（2）父母代母系的繁殖性能得到很大提高，商品代“天农麻鸡”实现了羽速的自别雌雄。

（3）加快了各品系在后期的换羽时间和提高了换羽的一致性，在维持配套系的外观要求情况下，缩短了上市时间，提高了上市率，饲料转化比也得到了显著的改善，极大提高了养殖的经济效益。

（4）通过品系选育和品系配套技术的应用，在保持清远麻鸡外貌特征和肉质的基础上，配套系在生长速度、均匀度、繁殖性能、抗逆性、外貌特征一致性、第二性征发育、饲料转化比等方面都较清远麻鸡有了显著提高。天农麻鸡配套系技术在天农公司的大面积推广和应用，使以集约化、大规模为基础的现代肉鸡饲养模式在优质肉鸡生产上的应用成为可能，同时也为我国在地方品种资源的保护及开发利用上提供了一条可借鉴的道路。

7 推广应用的范围、条件和前景

天农麻鸡配套系父母代抗逆性强、应激小、繁殖力强，死淘率低，体型小节省饲养空间；商品代抗病力高，肉质细腻，风味好、鸡味浓、口感好，体型外貌符合饲养地区消费市场对特优型地方鸡种的要求。无论是父母代种鸡还是商品代仔鸡在类似产品中性能均处于领先水平，具有较强市场竞争能力和盈利能力，应用前景广阔。

新杨黑羽蛋鸡配套系

证书编号： 农 09 新品种证字第 61 号
培育单位： 上海家禽育种有限公司

1　培育单位概况

上海家禽育种有限公司，是国家家禽工程技术研究中心的依托单位，是国家蛋鸡产业技术体系上海综合试验站的依托单位。公司技术实力雄厚、育种设施完善，率先成功地选育出国际先进水平的褐壳蛋鸡配套系、绿壳蛋鸡配套系和白壳蛋鸡配套系，并通过了国家家禽品种审定委员会的审定。公司现有企业管理层 5 人，技术开发人员 35 人，销售人员 10 人，实现产供销一体化，是从事蛋鸡新品种开发的上海市农业龙头企业。

公司实行产学研的有机结合，经过多年努力，掌握和拥有了自主知识产权的育种技术体系，能够提供蛋鸡祖代种鸡、父母代种鸡和商品代鸡，能承担种禽场、蛋鸡场和孵化厂的设计与家禽生产管理等工作。

2　培育背景与培育目标

2.1　培育背景

20 世纪 90 年代，我国大量引进国外高产蛋鸡品种，并进行模仿性蛋鸡育种。与我国地方品种相比，国外培育品种产蛋率高、蛋大、饲料效率高、可规模化饲养、生产成本低，国家和地方都建立了系统的良种繁育基地，仅上海建立了华申曾祖代蛋鸡场、申宝大型蛋鸡场等，饲养祖代、父母代和商品代。到 20 世纪末，我国已引进了世界上所有的高产蛋鸡品牌，且先后培育了滨白、京白和新杨褐等蛋鸡配套高产蛋鸡，其中，新杨褐蛋鸡在 2000 年通过国家畜禽资源委员会审定。高产蛋鸡品种的大量引进和推广，对我国地方鸡品种的繁育和生产带来极大冲击，地方鸡产蛋量低，失去了市场竞争力，遗传资源需要通过建立保种场才能保存。

随着人民生活水平的提高，鸡蛋从对量的需求转变为对质的需求，传统“土鸡蛋”“草鸡蛋”的市场需求也越来越高。江苏盐城市东台市的“花凤”鸡曾经占有“土鸡蛋”“草鸡蛋”的大部分市场。“花凤”鸡的配套模式是利用贵妃鸡种公鸡和罗曼父母代母鸡配套。这种配套模式成活率高，蛋重合适，一度有 20 多个孵化厂经营“花凤”鸡。东台市母鸡存栏量曾达到 4 000 多万只。但随着上海种鸡场改制以及东台孵化厂经济实力的提高，“花凤”鸡的配套模式发生了改变，配套母本不仅从罗曼父母代母鸡变为所有高产蛋鸡父母代母鸡，而且还开始利用商品代母鸡，父本从贵妃鸡变为以贵妃鸡为素材的各种杂交鸡。“花凤”鸡种源的稳定性受到极大冲击，品种混乱，“花凤”鸡的成活率和生产性能也变得不稳定。

上海家禽育种有限公司从 2007 年酝酿培育类似“花凤”鸡的蛋鸡品种，经历了 7 年多时间，培育出了成活率高、生产性能稳定的新杨黑羽蛋鸡配套系。

2.2　培育目标

商品代蛋鸡羽毛颜色一致，主要羽毛颜色选择褐色、黄色、黑色或麻羽等；72 周龄产蛋数大于 290 枚，蛋重 55g 以下，蛋壳颜色为粉色；成活率高，易于饲养；产蛋期饲料消耗不高于 100g/只。

3 配套系的组成及特征特性

3.1 配套系组成

配套系三系组成，父本贵妃鸡 G 系，母本父系 RA 系和母系 RB 系都是洛岛红。

3.2 配套系外貌特征及特性

3.2.1 各品系外貌特征及特性

3.2.1.1 G 系 黑白花羽，风头球型羽毛；五趾，体型小，产白壳蛋；1 日龄雏鸡快羽。
3.2.1.2 RA 系 金色羽，单冠，黄羽；中等体型，产褐壳蛋；1 日龄雏鸡慢羽。
3.2.1.3 RB 系 同 RA 系。

3.2.2 父母代外貌特征

1 日龄种公雏快速羽，黑白花羽，五趾；1 日龄种母雏慢速羽，金色且背部有 3 条黑色条纹。成年父母代公鸡白黑花羽，有球形凤头，五趾，白胫（有黑点），体型略大于母鸡；成年父母代母鸡金色羽，单冠，四趾，黄胫。

3.2.3 商品代外貌特征

商品代雏鸡：全身黑色绒毛，腹部和翅尖为白色绒毛，快慢羽自别雌雄，母雏为快速羽，公雏为慢速羽。

成年母鸡：体型小；黑色羽毛，群体中 60%以上为全黑羽个体；其他鸡黑羽，夹带黄黑麻羽或黑白麻羽。

商品代全部为黑胫，凤头，80%个体有五趾。

3.3 配套系生产性能

3.3.1 各品系生产性能

各品系主要生长性状性能（表 1）和主要生产性能（表 2）。

表 1 各品系主要生产性状性能

性别	检测性状	G 系性能	RA 系性能	RB 系性能
公鸡	49 日龄体重（g）	511±38	671±62	669±57
	126 日龄体重（g）	1 312±81	1 854±83	1 803±71

（续）

性别	检测性状	G 系性能	RA 系性能	RB 系性能
母鸡	49 日龄体重（g）	477±43	585±42	598±45
	126 日龄体重（g）	1 002±94	1 392±82	1 401±74
	36 周龄体重（g）	1 351±103	1 901±152	1 897±163

表 2　各品系主要生产性能

检测性状	G 系性能	RA 系性能	RB 系性能
开产日龄	182.2±15.3	157.2±13.9	152.8±13.8
26 周龄精液量（uL）	239±58	423±91	385±94
36 周龄蛋重（g）	43.1±2.5	59.2±3.9	58.2±4.6
36 周龄蛋形指数	1.41±0.11	1.29±0.05	1.29±0.06
308 日龄产蛋量（个）	79.9±7.9	119.2±11.2	127.5±12.3
受精蛋孵化率*（%）	78.2±7.2	79.4±7.8	82.2±8.1

备注：*以全同胞家系留种时为计算单位。

3.3.2　父母代种鸡生产性能

父母代种鸡生产性能见表 3。

表 3　父母代种鸡生产性能

性　状		母鸡指标	公鸡指标
成活率	0～18 周龄（%）	96	97
	19～66 周龄（%）	94～96	94～95
	19～72 周龄（%）	93～95	93～94
饲料消耗量	0～18 周龄（kg）	6.2～6.5	6.3～6.6
	19～72 周龄（g/d）	110～120	110～120
体重	18 周龄（kg）	1.46	1.47
	72 周龄（kg）	1.95	2.00
蛋壳颜色		褐色	
蛋壳强度	43 周龄（kg/cm^2）	3.6	
开产日龄（50%）		146～148	
高峰产蛋率（%）		92～93	
饲养日母鸡产蛋数	66 周龄（个）	265～272	
	72 周龄（个）	296～305	
入舍母鸡产蛋数	66 周龄（个）	255～260	
	72 周龄（个）	290～297	

（续）

性状		母鸡指标	公鸡指标
产蛋期平均受精率	24～66 周龄（%）	91～94	
	24～72 周龄（%）	90～94	
产蛋期平均孵化率	25～72 周龄（%）	84～86	
入舍母鸡产母雏数	25～66 周龄（个）	92～97	

3.3.3　商品代生产性能

商品代蛋鸡生产性能见表 4。

表 4　商品代蛋鸡生产性能

性状	性能指标
生长期	
初生重（g）	40.8
6 周龄体重（g）	367.1
20 周龄体重（g）	1 413.9
0～20 周龄成活率（%）	95.6
0～20 周龄只耗料量（kg）	6.58
产蛋期	
开产日龄	144
1～72 周龄成活率（%）	93.7
饲养日产蛋量（HD）（个）	295
饲养日产蛋总重（kg）	14.39
入舍母鸡产蛋量（HH）（个）	290.1
入舍母鸡产蛋总重（kg）	14.5
平均蛋重（g）	50.5
43 周龄体重（g）	1 717.2
72 周龄体重（g）	1 778.3
21～72 周龄只耗料量（kg）	34.91
产蛋期饲料转化比	2.3
43 周龄蛋品质	
蛋重（g）	50.2
蛋壳颜色	粉色
蛋形指数	1.31
蛋壳厚度（mm）	0.35
蛋壳强度（kg/cm²）	3.25
哈氏单位	80.8
蛋黄色泽（级）	9.5
蛋黄比率（%）	32.8

4 配套系选育技术路线及主要选育性状

4.1 选育技术路线

新杨黑羽蛋鸡配套系选育技术路线见图1。

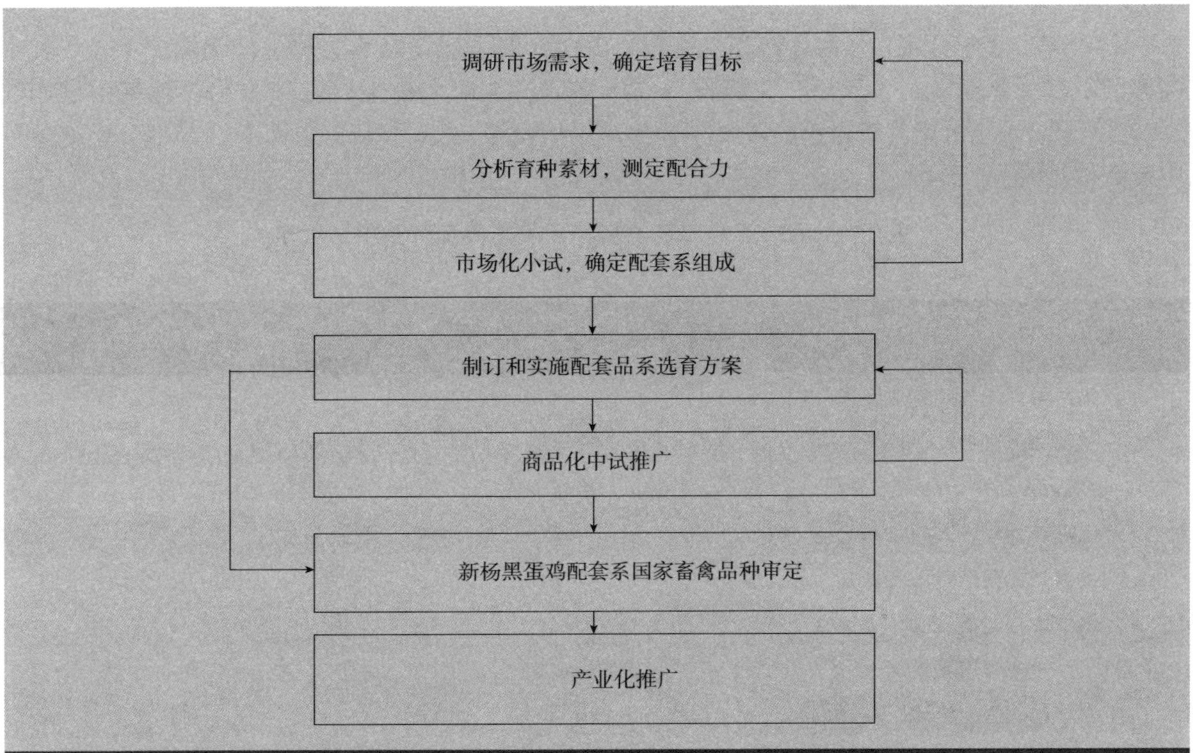

图1 选育技术路线

4.2 主要选育性状

包括体型外貌、生长发育性状、产蛋性能和孵化性能。

4.2.1 体型外貌

主要有羽色、羽速、蛋色、胫色、趾数、冠型和胡须。

4.2.2 生长发育性状

主要有42～63日龄体重、18周龄体重和36周龄体重。

4.2.3 产蛋性能

主要有开产日龄、18～25周龄产蛋数、25～44周龄产蛋数、36周龄蛋品质（蛋壳强度、蛋重、哈氏单位、蛋形指数）、45～49周龄产蛋数和54～68周龄产蛋数。产蛋性能测定结合人工记录和电子记录。

4.2.4 孵化性能

主要有精液量、精子活力、受精率、出雏数和雏鸡健康状态。

5 中试应用情况与经济效益分析

2012—2014 年分别在上海、江苏、安徽和山东开展了新杨黑羽蛋鸡规模化饲养中试，其中江苏的中试总量超过 100 万只，安徽省六安市霍邱县邵岗乡杨士兵青年蛋鸡养殖场中试雏鸡 23.84 万只，山东沂南县苏村镇的孟凡华青年鸡场中试雏鸡 10 万只。上海和江苏部分中试单位中试数量见表 5、表 6。

表 5 上海市部分鸡场的新杨黑羽蛋鸡配套系中试数量

单位：只

单 位	2013 年	2014 年 1-9 月
上海凤晨蛋鸡养殖专业合作社	42 500	15 000
上海浦东浦汇蛋鸡场	49 000	10 000
上海南汇汇绿蛋品有限公司	24 000	7 500
上海市嘉定区归兴种鸡场	20 000	10 000
上海浦羽养殖专业合作社	14 000	10 000
上海秋禽畜禽养殖专业合作社	18 000	8 000
上海营房蛋鸡场	20 000	7 500
上海市崇明区上海瀛跃种禽场	10 000	6 000
上海桃宝蛋品生产合作社	8 500	5 000
上海军安特种蛋鸡场	8 000	5 000
合计	214 000	84 000

表 6 江苏省部分鸡场的新杨黑羽蛋鸡配套系中试数量

单位：只

单 位	2013 年	2014 年 1-9 月
东台市何永康蛋鸡养殖场	276 800	188 800
东台市鑫魏禽业发展有限公司	117 800	102 000
姜堰市曾辉养殖合作社	52 000	34 000
东台绿之园禽业有限公司	54 000	28 000
东台市南沈灶夏高付养殖场	24 800	20 800
东台市富安尤红养殖场	35 200	17 800
姜堰洪林张义生态养殖园	26 700	26 700

（续）

单　位	2013年	2014年1-9月
姜堰市张甸镇鲍防震养殖场	20 000	20 000
东台市新街镇秀华养殖场	27 000	10 000
合计	634 300	448 100

从中试推广开始，育种团队一直关注新杨黑羽蛋鸡在各种条件下的生产性能，并在饲养量比较集中的东台和姜堰各选择 1 个规模化鸡场，进行了为期 1 个月的“新杨黑”与同类配套系品种的生产性能比较。通过调查，在不同生产条件下，“新杨黑”均表现出优秀的生产性能。姜堰增辉养殖专业合作社是一家规模化蛋鸡场，同批次饲养 3 个品种的小型蛋鸡 8 万只，50 周龄时仅保留“新杨黑”继续饲养，其他 2 个品种因健康和产蛋性能低提前淘汰。东台市鑫巍禽业发展有限公司是国家级农业龙头企业，2013 年起饲养“新杨黑”蛋鸡，共饲养了 4 个批次累计 10 多万只。

6　育种成果的先进性及作用意义

6.1　配套系的先进性

一是商品代鲜鸡蛋市场价格高，高于褐壳鸡蛋 2～3 元/kg；淘汰母鸡残值高，高于普通褐壳蛋鸡 10～30 元/只。二是商品代体型小，与一般褐壳蛋鸡比饲养密度可提高 10%以上；饲料消耗少 10%以上，每只鸡蛋的生产成本降低 10%以上。三是不需要特别的饲养笼具和专用的饲料配方，可常规饲养，易于推广。四是开展了纯系蛋鸡的鸡白痢沙门氏菌病和鸡白血病的净化工作，净化结果达到国家标准，提高了配套系各代次鸡的健康水平。

6.2　作用意义

6.2.1　产业意义

新杨黑羽蛋鸡配套系的选育成果，可以有效弥补国内现有主流粉壳蛋鸡品种存在的缺陷或不足，中试推广结果证实了新杨黑羽蛋鸡配套系适合目前国内粉壳蛋鸡市场的需求，属良好的蛋种鸡来源。“新杨黑”抗逆性能强，能适应规模化生产条件，产蛋性能优于地方鸡种，能提高优质口味鸡蛋的生产效率，同时满足对母鸡羽色的要求。

6.2.2　科学意义

新杨黑羽配套系表现出强大的杂交优势，除了成活率外，产蛋量和开产日龄的杂交优势更为明显；商品代高峰产蛋率接近高产蛋鸡，开产日龄比 2 个亲本品种都少 7～14d；为研究配套系育种提供了很好的素材。

新杨黑羽蛋鸡配套系的贵妃鸡品系育种为贵妃鸡品种的保护和利用创造了有利条件。贵妃鸡来源于欧洲，但目前欧洲的饲养量很小，国内贵妃鸡主要以肉用饲养为主。

7　推广应用的范围、条件和前景

7.1　推广应用的范围

新杨黑羽蛋鸡配套系可以在高产蛋鸡和地方鸡种的生产条件下饲养，适合笼养、平养和散养等饲养模式，但笼养产蛋率明显高于平养和散养。

在炎热和寒冷季节，新杨黑羽蛋鸡配套系生产性能稳定、高产，在有些鸡场生产性能高于高产蛋鸡。由此可见，新杨黑羽蛋鸡配套系商品代可以在任何能够进行蛋鸡生产的地区饲养。

7.2　推广应用的条件

尽管新杨黑羽配套系比其他品种的抗逆性强，但“新杨黑”蛋鸡依然需要较好的隔离条件。生物安全是保障其稳定生产的关键，在较好的生产条件下，能够表现出更好的生产性能。“好料产好蛋”同样适用于新杨黑蛋鸡，喂养配合饲料、保障育成期营养，是“新杨黑”持续 90%产蛋量的保障。

7.3　推广应用的前景

新杨黑羽蛋鸡配套系满足了蛋鸡市场对优质口味鸡蛋的需求，并且成活率高、产蛋率高，蛋壳强度高，鸡蛋适宜长途运输，破蛋率低，当前，商品代雏鸡供不应求。

高山美利奴羊

证书编号： 农 03 新品种证字第 14 号
培育单位： 中国农业科学院兰州畜牧与兽药研究所
甘肃省绵羊繁育技术推广站

高山美利奴羊公羊

高山美利奴羊母羊

高山美利奴羊群体

1 培育单位概况

1.1 中国农业科学院兰州畜牧与兽药研究所

中国农业科学院兰州畜牧与兽药研究所于1996年由中国农业科学院中兽医研究所（1958年建所）与中国农业科学院兰州畜牧研究所（1978年建所）合并成立，是一所涵盖畜牧、兽医、兽药、草业4大学科研究的综合性农业科研机构。2011年，在“十一五”全国农业科研机构科研综合能力评估中，研究所排名全国第44名、中国农业科学院第11名、甘肃省第1名、全国专业第4名、全国行业第4名。研究所主要从事草食动物育种繁殖、兽用药物、中兽医、草地草坪等应用基础研究和应用研究，设有畜牧研究室、兽药研究室、中兽医（兽医）研究室、草业饲料研究室4个研究部门。根据“畜、药、病、草”四大学科建设和科研工作的需要，按照专业、人才、科研任务、基础平台条件等内容，先后创建了牦牛资源与育种，细毛羊资源与育种，兽药创新与安全评价，兽用天然药物，兽用化学药物，寒生、旱生灌草新品种选育，奶牛疾病，中兽医与临床8个中国农业科学院科技创新团队，现有依托研究所建成的各类科技平台21个。先后获奖261项，其中国家级奖12项，省部级奖146项，获得授权专利509项；发表论文5 892篇，编写著作206部；培育牛羊猪新品种5个，牧草新品种8个；创制国家一类新兽药5个，获新兽药、饲料添加剂证书72个；制订国家及行业标准38项。

细毛羊资源与育种创新团队有在职职工9人，流动人员7名；在职职工中，正高级1人，副高级5人；博士5人，硕士2人；博士研究生导师1人，硕士研究生导师5人。国家现代农业产业技术体系岗位科学家1人，中国农业科学院创新工程首席科学家1人，中国畜牧兽医学会养羊学分会副理事长兼秘书长1人，副秘书长1人。现有依托研究所建成的各类科技平台2个：中国农业科学院羊育种工程技术研究中心、农业部动物毛皮及制品质量监督检验测试中心（兰州），畜牧学博士后流动站1个；拥有万元以上的仪器设备260余台（套），包括生物信息系统、激光显微操作系统、荧光定量基因扩增仪和高分辨率熔解曲线分析仪等大型仪器设备完全能够满足羊育种基础和应用基础研究需求。参与了《中国羊品种志》的编写，研制出国际先进水平的羊免疫双胎疫苗，培育出了甘肃高山细毛羊品种和西北肉羊新品群，育成了高山美利奴羊新品种。先后承担国家、省（部）及国际合作等各类科研课题77项，共荣获国家奖2项，省部级奖15项，院及地厅级奖8项，其中《中国羊品种志》、“绵羊免疫双胎技术”分获国家科技进步奖二、三等奖，“高山型美利奴细毛羊新类群培育”“甘肃毛用山羊培育”“优质肉羊产业化高新高效技术研究应用”“青藏高原草地生态畜牧业发展技术研究示范”荣获甘肃省科技进步奖二等奖，“优质肉羊规模化生产综合配套技术研究示范”荣获中国农业科学院科技进步奖一等奖，“甘肃高山细毛羊细型品系和超细品系培育及推广应用”荣获中华农业科技三等奖。发表论文500余篇，其中SCI 17篇，授权发明专利16项，实用新型专利71项，国家标准8项，农业行业标准5项，著作10部，培养国内外博硕士研究生27人。与德国、美国、英国、荷兰、澳大利亚、加拿大及阿根廷等国的高等院校和科研机构建立了国际科技合作关系，拓宽了细毛羊资源与育种创新团队对外学术交流的渠道和国际影响力。

1.2 甘肃省绵羊繁育技术推广站

甘肃省绵羊繁育技术推广站（原名为甘肃省皇城绵羊育种试验场，2009 年 3 月经省编委和省农牧厅批准更名）是甘肃省农牧厅直属的县级事业单位，国家级重点种畜场，国家绒毛用羊产业技术体系张掖综合试验站依托单位，中国农业科学院兰州畜牧与兽药研究所细毛羊育种基地，“甘肃高山细毛羊”的培育单位之一。全站现有离退休人员 243 人，在职人员 270 人（包括内招合同工），按职称类别分有农业推广研究员 1 人，高级畜牧师 7 人，中级职称 19 人，助理工程师 18 人，技术员 8 人。大学本科以上学历 14 人，专科 19 人，中专文化程度以上 57 人，专业涉及畜牧、兽医、草业科学等领域。在工人中有各级饲养工 121 人，其中高级工 22 人，中级饲养工 89 人，初级饲养工 10 人，具有丰富的饲养和技术推广经验。现有草原面积 13 267 万 m^2，可利用草原面积 9 933 万 m^2（内有人工围栏草场 1 000 万 m^2，天然围栏草场 2 133 万 m^2，饲料基地 1 333 万 m^2）。年种植精饲料（青稞、燕麦）400 万 m^2 左右，种植燕麦青干草 133 万 m^2，种植经济作物油菜、马铃薯等约 667 万 m^2。目前高山美利奴羊存栏 2 万余只。该站主要职责是负责全省细毛羊改良、新品种培育及保护利用，承担人工草场培育、天然草原改良、细毛羊营养调控与饲料高效利用、疫病防控、标准规模化养殖及产业化发展等技术的综合研发、示范推广及技术培训等。长期以来与中国农业科学院兰州畜牧与兽药研究所等单位合作，在甘肃细毛羊新品种培育及产业化发展方面做出了巨大贡献。1943 年开始培育甘肃高山细毛羊新品种，1980 年育成了甘肃高山细毛羊，被省人民政府正式命名为“甘肃高山细毛羊”，并受到国务院嘉奖，1984 年获甘肃省人民政府科技进步奖，1995 年被正式列入《世界动物品种志》。1992 年确定该站为国家级、省级重点种畜禽场。1996 年开始培育高山美利奴羊新品种，现已育成。2000 年“九五”攻关项目，以甘肃高山细毛羊为遗传基础的“高山型美利奴新类群”育成并通过国家验收，获甘肃省科技进步奖二等奖。《甘肃高山细毛羊优质毛品系》和《甘肃高山细毛羊肉用类群》两个项目并分别获 2006 年甘肃省农牧渔业丰收奖一等奖和二等奖。《甘肃高山细毛羊育种信息管理系统开发与应用研究》获 2008 年甘肃省农牧渔业丰收三等奖。《引入超细型澳洲美利奴提高甘肃高山细毛羊生产性能的研究》与《祁连山高寒牧区气候与营养因素对细毛羊生产性能影响的研究》两个项目分别获 2010 年甘肃省农牧渔业丰收二、三等奖，《甘肃高山细毛羊穿衣技术研究与示范推广》获 2012 年甘肃省农牧渔业丰收三等奖。

2 培育背景与培育目标

2.1 培育背景

2.1.1 培育区自然生态资源和藏、裕民族人文条件

2.1.1.1 培育区自然生态资源条件 高山美利奴羊培育区位于青藏高原东北缘祁连山北麓的祁连山地，隶属甘肃省张掖市肃南裕固族自治县、武威市天祝藏族自治县和金昌市永昌县的高山寒旱牧区。核心育种区位于肃南裕固族自治县皇城镇的我国最为美丽富饶的六大草原之一——皇城草原。培育区位于北纬 36°31′～39°04′、东经 97°20′～103°46′，辐射强烈，日照多，气温

低，积温少，温差大，相对湿度小，风速大，气温随高度和纬度的升高而降低，气压低，空气稀薄；区内山峦起伏，海拔 2 400～4 070m；冬春季干旱、寒冷，多西北风；夏季温暖、湿润，多偏南风；年平均气温 0～3.8℃，年降水量 257.0～461.1mm，无霜期 60～120d，年日照时数为 2 272.0～2 641.3h，蒸发量 1 111.9～1 730.9mm；河流有皇城河、金强河、石门河和黑马圈河；影响牧草生长和细毛羊只放牧的主要灾害性气候是春雪、夏旱、秋雨和冰雹等白灾和黑灾。天然草原类型分为 9 个类、18 个亚类、24 个组、29 个型，没有一、二、三、四级草原，五级草原为高寒灌丛草甸 1 类，六级草原为高寒草甸、温性草原、温性草原化荒漠、温性草甸草原、高寒草原 5 类，七级草原为温性荒漠、温性荒漠化草原和低平地草甸 3 类，其中以青藏高原典型草原高寒草原、高寒草甸、荒漠草原、高寒灌丛草甸为主，隶属青藏高原高寒草地是世界上最著名的放牧生态系统和最大的草地系统之一，草原呈现东湿西干，由森林-草甸-草原-荒漠的地带性更替，牧草种类由抗旱耐寒的多年生草本植物或小半灌木为主形成，共有可利用草原面积约 232.16 万 hm^2，载畜量约 200 万个羊单位。

2.1.1.2 培育区藏、裕民族人文条件 培育区内大部分地区为牧业区，世居少数民族以藏族、裕固族等游牧民族为主，青藏文化正是建立在高原游牧牧业和河谷地带的灌溉农业的基础之上。高寒草原藏系家畜形成了世界上独一无二的高寒草原畜牧业区域，游牧业经济活动表现出明显的地域化、专一化、差异化特点，其游牧系统还哺育了藏、裕佛教的地域性文化，其畜牧伦理思想和生态伦理思想主导生活在这里的藏、裕民族在严酷的自然条件下从事畜牧业生产活动，并培育出了适应高原高寒环境的地域化、专一化、差异化藏系家畜，如藏绵羊、甘肃高山细毛羊等。世世代代以畜牧业为生的藏、裕固族，牧业生产经验丰富，牧业文化特色鲜明，伴随牧业劳动诞生了丰富多彩的独特的民风习俗和传统文化，以捻线、留头羊、剪羊毛为代表的细毛羊生产民俗文化已经深入烙入藏、裕民族文化之中。

2.1.2 国内外细毛羊业发展趋势与需求

世界细羊毛生产主要集中在澳大利亚、中国、新西兰、南非、阿根廷、乌拉圭等世界细羊毛主产国。近年来，国际羊毛产量持续下降，年产净毛量约 100.0 万 t，世界羊毛特别是 21.5μm 以下的细羊毛供求紧张状况在短期内难以改变，全球细毛羊的发展趋势向细型毛肉兼用型或超细型方向发展。

我国目前毛纺加工能力已达 40.0 万 t，国产羊毛仅满足其加工量的 1/3。我国羊毛产量，尤其是细羊毛产量近年来基本保持稳定状态，年产污毛量约 12.0 万 t，但羊毛纤维直径仍以 21.6～23.0μm 为主，仅有少量低于 21.5μm，优质细羊毛供给严重不足，为此我国平均每年需耗资 10 亿美元进口优质细羊毛。另外，1990 年以来，我国肉羊产业的迅猛发展，对细毛羊产业的发展造成了严重冲击。所以培育细羊毛市场需求量大，羊毛纤维直径以 19.1～21.5μm 为主体的毛肉兼用美利奴羊新品种，不仅符合国内外细毛羊育种方向与产业发展需求，而且作为同时提供优质细羊毛、羊肉的细毛羊品种，不仅可以稳定优质细羊毛生产，有效地保障我国毛纺加工企业的原料供给，而且还可促进羊肉生产，增加农牧民收入，缓解供应紧张局面，满足我国 2 000 余万穆斯林群众对羊肉的刚性消费需求，维护社会和谐稳定。

2.1.3 高山美利奴羊培育是我国细毛羊产业发展和藏、裕民族生计的迫切需要

澳洲美利奴羊因羊毛综合品质等生产能力卓越而誉满全球，自 1972 年澳大利亚政府允许向我国出口澳洲美利奴羊种公羊以来，我国细毛羊产业进入了澳洲美利奴羊国产化阶段。澳洲美利奴羊所具备的优良生产性能和羊毛品质对中国细毛羊进行澳化改造成了育种的必然趋势，培育适应我国不同生态条件下的毛肉兼用美利奴羊新品种（系），完善美利奴羊品种结构，构建我国优

质细毛羊生产技术创新体系，已成为我国细毛羊选育工作的核心。

甘肃高山细毛羊是在海拔 2 400～4 070m 的青藏高原祁连山层区的高山寒旱草原生态区于 1980 年育成的我国第一个高山型毛肉兼用细毛羊新品种，在该生态区具有良好的生活力、繁殖力、抗逆性和生产性能。甘肃高山细毛羊育成后，经过近十年的选育、提高、推广并建立了较为稳定的群体数量和生态分布区域，但与澳洲美利奴羊的生产水平相比还有一定差距，集中体现为个体净毛量低、羊毛纤维直径偏粗、羊毛长度偏短、净毛率偏低及体重偏小等，甘肃高山细毛羊的综合生产能力已无法满足细毛羊产业发展方向，无法满足世居于该生态区并以选择培育细毛羊品种赖以生存的广大藏族、裕固族等少数民族奔小康需求，无法提高该生态区细毛羊产业水平和档次及促进整个藏、裕固族地区羊产业的发展，所以培育适应于本生态区的综合生产能力优于此区其他羊品种的差异化毛肉兼用美利奴羊新品种已迫在眉睫，这不仅可以优化养殖品种结构，提高质量，降低数量，而且有助于减轻区域生态压力，促进农牧民增收。

2.1.4 培育素材与历史

2.1.4.1 培育素材 高山美利奴羊母本是甘肃高山细毛羊（甘肃高山毛肉兼用细毛羊），在 1943 年至 1980 年以高加索细毛羊为父本、蒙古羊和藏绵羊为母本经过复杂育成杂交在海拔 2 400～4 070m 的青藏高原祁连山层区的高山寒旱草原生态区育成的我国第一个高山型毛肉兼用细毛羊新品种。组建的基础群成年母羊体重 41.51kg，净毛量 1.95kg，羊毛纤维直径 23.0μm，毛长 8.73cm，净毛率 45%左右，油汗呈乳白色或浅黄色弯曲。

高山美利奴羊父本是因其羊毛综合品质和生产性能卓越而誉满全球的细型、超细型澳洲美利奴羊。引进的澳洲美利奴羊毛丛结构良好，毛密度大，细度均匀，油汗白色，弯曲均匀整齐而明显，光泽良好。细型、超细型成年公羊体重分别为 92.21kg、82.09kg，净毛量 5.06kg、4.88kg，羊毛纤维直径 19.82μm、18.92μm，毛长 10.88cm、10.20cm。

2.1.4.2 培育历史 甘肃高山细毛羊育成后经过了长期的选育提高，但其综合生产性能与澳洲美利奴羊的生产水平相比还有一定差距，集中体现为个体净毛量低、羊毛纤维直径偏粗、羊毛长度偏短、净毛率偏低及体重偏小等，显而易见甘肃高山细毛羊的综合生产性能已无法满足细毛羊产业发展方向，改造提高甘肃高山细毛羊的综合生产性能已迫在眉睫。鉴于此，在 1984—1995 年，中国农业科学院兰州畜牧与兽药研究所和甘肃省绵羊繁育技术推广站组织肃南裕固族自治县皇城绵羊育种场、金昌市绵羊繁育技术推广站、肃南裕固族自治县农牧业委员会、天祝藏族自治县畜牧技术推广站等单位，在甘肃省“七五”“八五”攻关项目和中澳合作 8456 项目的支撑下，采用品种选育提高的通用方法，从澳大利亚引进 8 只澳洲美利奴羊公羊开展了针对性的选育提高试验，试验效果良好。与甘肃高山细毛羊育成初期生产性能相比，羊毛纤维直径显著降低，并出现了一部分羊毛纤维直径 19.1～20.0μm 的个体，同时成年公羊体重、母羊体重、毛长、剪毛量、净毛率和净毛量都有显著提高，羊毛油汗颜色为白、乳白者增多，羊毛弯曲中正常弯曲的比例显著增加，羊毛纺织性能大幅度提高。正因为良好的导入杂交试验效果，1996 年在甘肃省农牧厅和科技厅的支持下，中国农业科学院兰州畜牧与兽药研究所和甘肃省绵羊繁育技术推广站在联合上述单位的基础上，后续增加了肃南裕固族自治县高山细毛羊专业合作社组建育种协作组开展联合攻关，正式提出了培育毛肉兼用美利奴羊新品种的育种计划，并召开育种协作组会议，明确了育种目标和技术路线，决定引进细型、超细型澳洲美利奴羊作为父本，以甘肃高山细毛羊为母本组建基础群，通过育成杂交，以毛用性能和体重为主选指标建立核心群、育种群、改良群三级繁育体系，进行开放式核心群联合育种，培育适应高山寒旱草原生态区的特殊生态条件和羊毛纤维直径为 19.1～21.5μm 的毛肉兼用美利奴羊新品种。至此，开始了有计划、有步骤地高山美利奴羊新品种培育工作。

2.2 培育目标

以甘肃高山细毛羊为母本，在保持对海拔 2 400～4 070m 高山寒旱生态区良好适应性这一突出特性的前期下，引进优秀细型和超细澳洲美利奴羊为父本，把羊毛纤维直径、长度、净毛量和体重作为主选指标，开展育成杂交，集成创新育种理论技术与方法，构建繁育、生产及推广体系，培育出羊毛纤维直径 19.1～21.5μm 为主体和综合品质高的毛肉兼用美利奴羊新品种。

3 高山美利奴羊主要特性特征及性能指标

3.1 体型外貌

高山美利奴羊外貌具有典型美利奴羊品种特征，体质结实，结构匀称，体形呈长方形。细毛着生头部至两眼连线，前肢至腕关节，后肢至飞节。公羊有螺旋形大角或无角，母羊无角。公羊颈部有横皱褶或纵皱褶，母羊有纵皱褶，公、母羊躯体皮肤宽松无皱褶。被毛白色呈毛丛结构、闭合良好、整齐均匀、密度大、光泽好、油汗白色或乳白色、弯曲正常。

3.2 品种特性

高山美利奴羊血统来源相同，体型外貌一致，遗传性稳定。具有抗寒、抗低氧、抗旱性强和耐粗饲及适应性广等突出特点。综合生产性能高，毛肉品质好。

3.3 性能指标

3.3.1 生长发育

高山美利奴羊不同生理阶段公、母羊体重见表 1。

表 1 高山美利奴羊不同生理阶段公、母羊体重

单位：kg

性别	初生羔羊		4 月龄断奶羔羊		育成羊		成年羊	
	样本量	体重	样本量	体重	样本量	体重	样本量	体重
公	12 348	4.22±0.42	11 459	26.56±2.63	1 252	60.98±5.43	939	89.25±7.84
母	12 459	3.97±0.39	11 627	25.08±2.48	10 653	36.93±3.24	3 850	46.97±4.21

注：体重均为剪毛后体重。

3.3.2 产毛性能

高山美利奴羊不同生理阶段公、母羊产毛性能见表 2。

表 2 高山美利奴羊不同生理阶段公、母羊产毛性能

性别	年龄	样本量	毛长 (cm)	剪毛量 (kg)	净毛率 (%)	净毛量 (kg)	羊毛纤维直径 (μm)
公	成年	939	10.47±1.20	9.74±1.09	65.71±5.51	6.40±0.42	19.63±1.69
	育成	1 252	10.68±1.22	7.18±0.80	53.46±5.12	3.84±0.43	18.40±1.62
母	成年	3 850	9.30±0.93	4.36±0.87	62.36±5.70	2.72±0.54	19.92±1.08
	育成	10 653	10.56±1.05	4.16±0.83	57.53±5.48	2.39±0.48	18.89±1.12

注：成年羊净毛率为穿衣净毛率，育成羊净毛率为未穿衣净毛率。

3.3.3 产肉性能

在放牧饲养条件下，主要屠宰性能见表 3。

表 3 高山美利奴羊羯羊与成年母羊产肉性能

类别	样本量（只）	屠宰率（%）	胴体重（kg）	胴体净肉率（%）
成年羯羊	48	48.48±1.67	43.26±2.96	75.98±1.32
成年母羊	48	48.07±1.27	22.58±2.56	75.34±1.35

3.3.4 繁殖性能

公、母羊 6～8 月龄性成熟，初配年龄 18 月龄，成年母羊繁殖率 110%～125%，羔羊成活率 95%以上。

4 选育方案

4.1 选育技术路线

高山美利奴羊是中国农业科学院兰州畜牧与兽药研究所和甘肃省绵羊繁育技术推广站联合肃南裕固族自治县皇城绵羊育种场、金昌市绵羊繁育技术推广站、肃南裕固族自治县高山细毛羊专业合作社、肃南裕固族自治县农牧业委员会和天祝藏族自治县畜牧技术推广站等单位，以澳洲美利奴羊为父本，甘肃高山细毛羊为母本，集成育成杂交、开放式核心群育种、多站（场）多单位联合育种、BLUP 育种值选种及分子标记辅助选择等现代先进育种技术，建立完善的三级繁育体系，创建全产业链标准规模化生产体系及推广应用体系，历经杂交创新、横交固定及选育提高培育而成的毛肉兼用美利奴羊新品种（图 1 至图 4）。

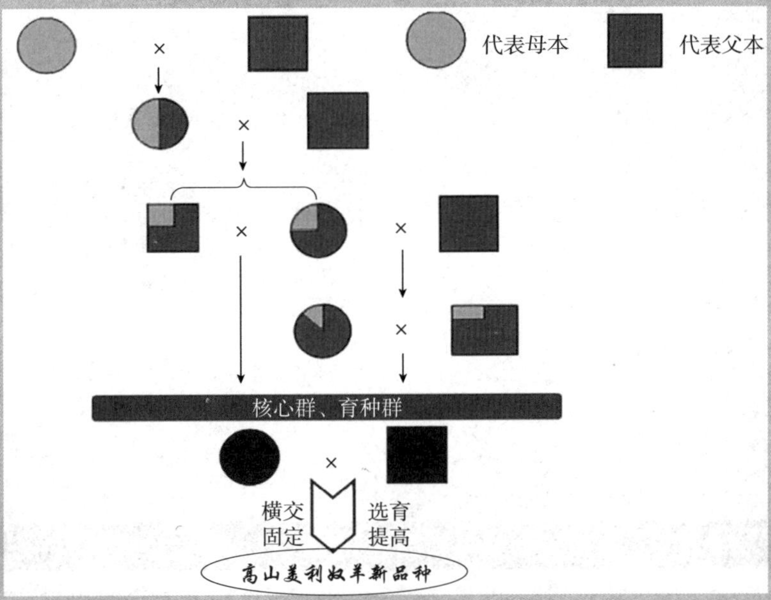

图 1　高山美利奴羊新品种培育技术路线

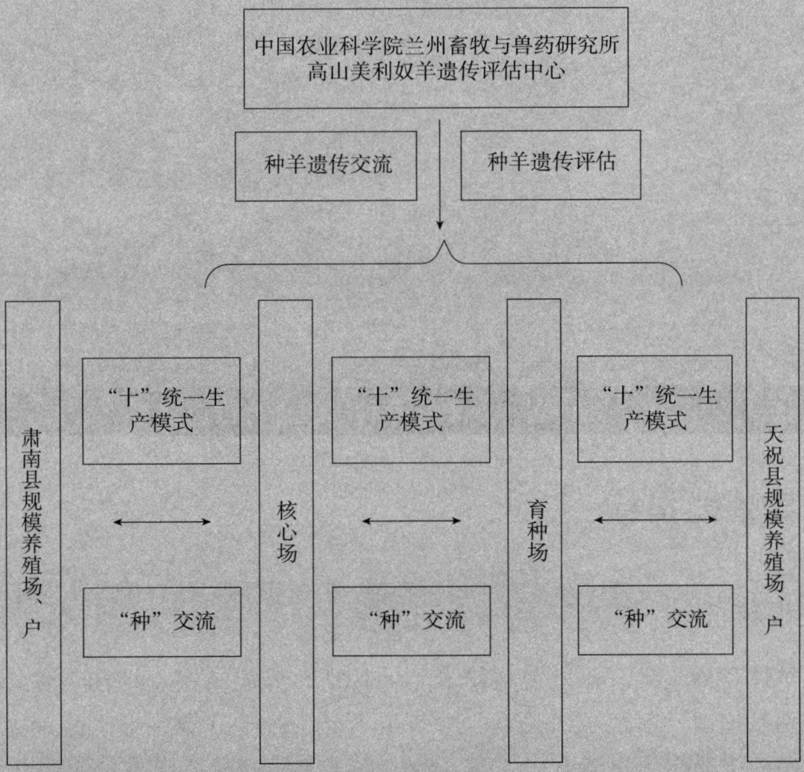

图 2　高山美利奴羊新品种联合育种生产体系

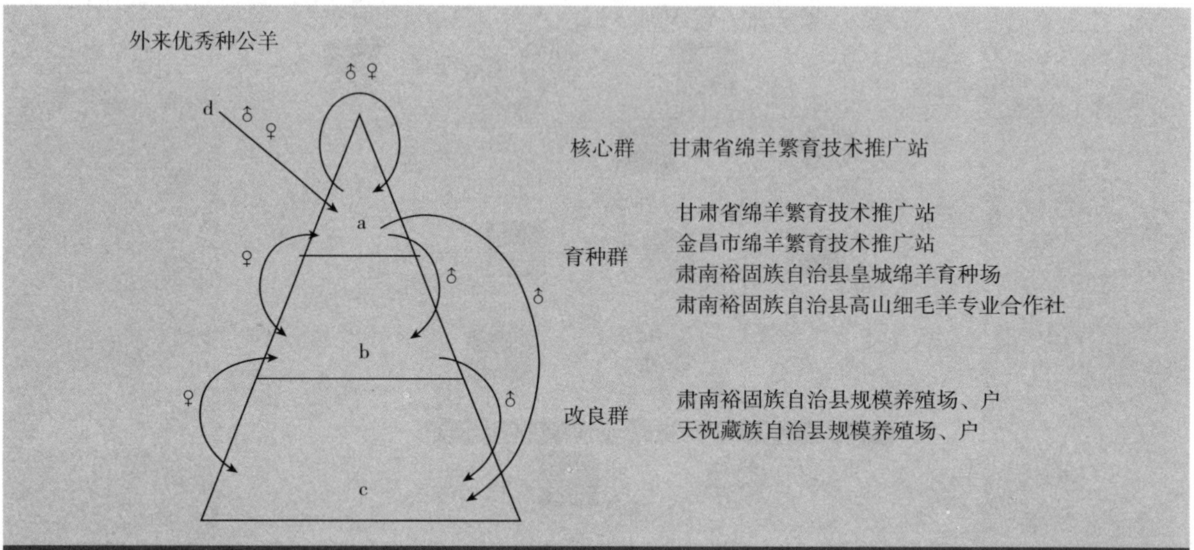

图 3　高山美利奴羊新品种开放式核心群育种体系

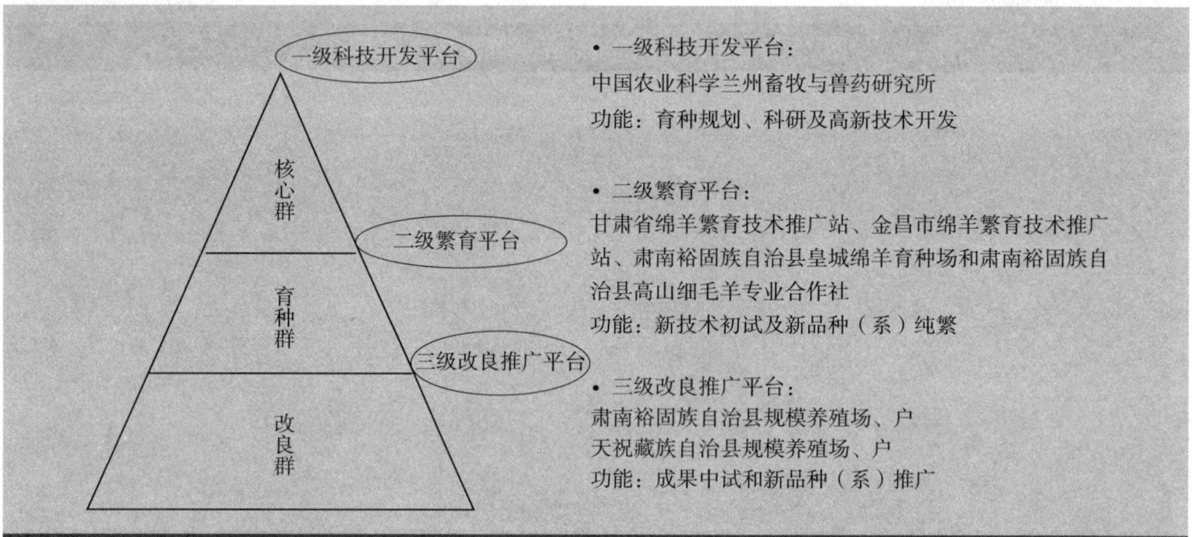

图 4　高山美利奴羊新品种三级繁育推广体系

4.2　主要性能指标

4.2.1　表型特征

高山美利奴羊体型外貌具有典型美利奴羊品种特征，体质结实，结构匀称，体形呈长方形。细毛着生头部至两眼连线，前肢至腕关节，后肢至飞节。公羊有螺旋形大角或无角，母羊无角。公羊颈部有横皱褶或纵皱褶，母羊有纵皱褶，公、母羊躯体皮肤宽松无皱褶。

4.2.2　被毛品质

高山美利奴羊被毛白色呈毛丛结构、闭合性良好、整齐均匀、密度大、光泽好、油汗白色或乳白色、弯曲正常，体躯毛和腹毛均呈毛丛结构。羊毛纤维直径主体 19.1～21.5μm，毛长大于等于 8.5cm，净毛率不低于 50%。

4.2.3 主要生产性能

理想型高山美利奴羊成年和育成羊体重、剪毛量和净毛量（表 4）。

表 4 理想型高山美利奴羊最低体重和产毛性能

单位：kg

性 别	年 龄	体 重*	剪毛量	净毛量
公	成 年	84.0	7.8	4.3
	育 成	48.0	4.8	2.5
母	成 年	45.0	3.8	2.2
	育 成	32.0	3.4	2.0

注：* 体重指剪毛后体重；成年指 26 月龄的羊；育成指 14 月龄的羊。

4.2.4 产肉性能

在自然放牧条件下，成年羯羊、母羊屠宰率、胴体重、胴体净肉率分别不低于 48.0%、47.0%，40.0kg、20.0kg，75.0 %、75.0 %。

4.2.5 繁殖性能

公、母羊 8 月龄性成熟，初配年龄 18 月龄；经产母羊的产羔率 110%以上。

5 中试应用情况与经济效益分析

截至 2015 年年底，累计培育新品种种羊 81 457 只，中试应用优秀种公羊 8 118 只，改良细毛羊 173.54 万只。获得新增收益 3.27 亿元和经济效益 2.25 亿元，经济效益非常显著。

6 育种成果的先进性及作用意义

高山美利奴羊的育成标志着世界首例适应海拔 2 400～4 070m 高山寒旱生态区和羊毛纤维直径主体为 19.1～21.5μm 的毛肉兼用美利奴羊新品种的诞生，明确了新品种适应高海拔高山寒旱生态区的重要遗传基础和遗传结构，探索出毛囊形态发生发育的分子调控机制，创建了开放式核心群联合育种技术体系，建立了全产业链标准规模化生产体系，构建了“互联网＋培育单位＋羊产业联盟＋企业＋专业合作社＋养殖大户”的推广应用体系，开辟了细毛羊育种理论、技术及产业化模式的重大创新，开创了高山细毛羊育种的重大突破，填补了该生态区美利奴羊品种的空白，实现了澳洲美利奴羊在该生态区的国产化，丰富了我国羊品种结构，是我国细毛羊品种生态差异化培育的典型代表，为先进羊品种培育及应用提供了成功范例。

高山美利奴羊的生产性能和综合品质达到了国内外同类型细毛羊的领先水平，这将有助于国家级优质细毛羊产业基地建设、保住国毛在国际贸易中的话语权与议价权、满足我国毛纺工业对高档精纺羊毛的需求、缓解我国羊肉刚性需求大的矛盾、担当细毛羊产区产业精准扶贫的重任及提升我国细毛羊产业水平等方面均具有不可替代的生态地位和重大的经济价值与社会意义。

7 推广应用的范围、条件和前景

高山美利奴羊可在甘肃、青海、内蒙古、新疆、吉林等我国细毛羊主产区及毗邻地区推广应用。据专业机构测算，未来 5 年可获得年经济效益 3.31 亿元和经济效益 24.23 亿元，推广应用前景非常广阔。

中蜜一号蜜蜂配套系

证书编号： 农 17 新品种证字第 8 号
培育单位： 中国农业科学院蜜蜂研究所

1 培育单位概况

中国农业科学院蜜蜂研究所是在朱德等老一辈无产阶级革命家亲切关怀和支持下，在各级领导的具体指导和帮助下，于1958年创建的国家级研究所，是当今世界蜂业学科设置最全、规模最大的专业性研究所。其研究方向和任务是：以提高我国养蜂业经济效益和社会效益，推动养蜂科学技术现代化为目标，开展应用基础研究和探索高新技术在蜂业科学上的应用。自研究所建立以来，承担国家“九五”“十五”重点科技攻关、“十一五”“十二五”科技支撑计划、国家自然科学基金、“863”“948”等多项科研项目。共取得科研成果98项，其中，获奖成果72项（国家级奖5项、部省级奖33项）；已授权专利62项，其中，发明专利39项；编写出版科学专著和科普书123部，为推动中国蜂业科学研究和技术发展做出了贡献。

中国农业科学院蜜蜂研究所现有蜂资源与遗传育种、蜜蜂保护与生物安全、蜜蜂饲养与蜂业机械、昆虫授粉与生态、蜂产品、蜂产品质量安全研究与评价、蜂业经济与信息等七个学科，涉及养蜂业产前、产中、产后各个阶段，包括优质高产高效蜜蜂饲养技术、蜜蜂遗传育种、蜜蜂病虫敌毒害防治、蜂种资源及为农业授粉增产、蜂产品化学及综合深加工利用、蜂产品质量安全与检测、蜂机具设备、蜂业经济等。现有硕士研究生导师19名，博士研究生导师5名。

在开创奋进的50年中，中国农业科学院蜜蜂研究所从建所初期十几名科技人员发展到目前95名职工，其中，具有高级职称的41人，中级职称的36人；博士20人、硕士34人。拥有传粉蜂生物学与授粉应用、蜂种质资源与育种、蜜蜂蛋白质组学、蜜蜂病虫害生物学、蜂产品加工与功能评价、蜂产品质量安全与风险评估6个科技创新团队和农业部授粉昆虫生物学重点开放实验室、中国农业科学院授粉昆虫生物学重点开放实验室、农业部蜂产品质量监督检验测试中心（北京）、国家蜂产业技术研发中心（蜂产业技术体系）、农业部蜂产品质量安全风险评估实验室（北京）、国家农产品加工技术研发中心蜂业分中心、国家蜜蜂种质资源保存中心等7个科技创新平台。

2 培育背景与培育目标

2.1 培育背景

我国为世界养蜂大国，饲养的蜂群数居世界第一，约占世界蜂群总数的1/8，每年生产的蜂蜜，蜂王浆，蜂花粉及蜂胶等一直高居世界第一位。每年出口的蜂蜜，蜂王浆，蜂花粉及蜂胶等也为世界第一位。

但同所有生物一样，蜜蜂也受到多种病虫害的危害。蜜蜂的外寄生虫——大蜂螨原是寄生在东方蜜蜂群内的一种无害寄生螨，但当它转移寄主至西方蜜蜂群内后，却给西方蜜蜂带来了毁灭性的打击，在短短的几十年内它迅速蔓延到全世界大多数饲养西方蜜蜂的国家，给以饲养西方蜜蜂为主的世界养蜂业带来了巨大损失，目前已成为西方蜜蜂的最主要和最致命性的敌害。长期以来，使用杀螨剂一直为防治大蜂螨的主要方式，如：国际通用的首选治螨药物氟胺氰菊酯，但由于蜂螨逐年产生抗药性，蜂农不得不逐渐增加使用药量和频率，一些有毒农药也屡禁不止，加重了蜂产品的化学药物污染，抗病育种是一个经济、有效、不污染环境和蜂产品的手段。因此，近年来培育抗螨蜂种已成为世界养蜂业的主要研究方向。

2.2 培育目标

西方蜜蜂为我国养蜂生产上使用的主要蜂种，占我国蜂群数量的2/3以上，每年由于螨害造成的蜂群损失为20%左右，仅此一项直接经济损失上亿元。充分发掘和强化生物体本身对天敌的抗御机能，选育抗螨蜂种，从非药物的生物学途径上解决困扰我国养蜂生产并严重影响我国蜂产品产量和质量的螨害问题，是一个重要的研究课题。为此我们承担了国家“十五”攻关项目“蜂资源高效利用技术与产业化开发”（课题任务书编号：2001BA505B07）中子专题“蜂资源良种选育研究”。旨在“十五”期间培育出一个在不用或少用杀螨剂的情况下，秋季蜂螨的寄生密度不超过0.03，蜂蜜比本地意蜂增产30%以上的抗螨蜂种。它的解决将会极大满足我国养蜂市场的需求，在国内以至世界范围内产生重大的效益。

3 配套系的组成及特征特性

3.1 配套系组成

该配套系采用四系配套，其中H为终端母本，C、A为母本父系，I为终端父本。H来源于意大利蜂和美国意蜂杂交一代中Cordovan突变型，产卵能力强的群体，经过7个世代的闭锁选育，形成近交H系；C系来源于卡尼鄂拉蜂蜂蜜采集力强的群体，经过了6个世代的闭锁选育；A系来源于美国意蜂中蜂蜜采集能力强的群体，经过了6个世代的闭锁选育；I系来源于本地意蜂的抗螨群体。

3.2 配套系外貌特征及特性

3.2.1 各品系外貌特征及特性

3.2.1.1 H系 形态特征：蜂王体色棕色；雄蜂体色黄色；工蜂体色棕黄色，吻长（6.32±0.04）mm，第三背板长（2.18±0.03）mm，肘脉指数（2.37±0.14）mm。

3.2.1.2 C系 形态特征：蜂王体色黑色；雄蜂体色黑色；工蜂体色黑色，吻长（6.52±0.1）mm，第三背板长（2.23±0.05）mm，肘脉指数（2.35±0.28）mm。

3.2.1.3 A系 形态特征：蜂王体色黄色；雄蜂体色黄色；工蜂体色黄色，吻长（6.38±0.09）mm，第三背板长（2.30±0.05）mm，肘脉指数（2.41±0.18）mm。

3.2.1.4 I系 体型、体色与意蜂相似。

3.2.2 父母代外貌特征

蜂王、雄蜂均为黄色和黑色两种。

3.2.3 商品代外貌特征

工蜂体色为黄、黑两种，平均吻长（6.01±0.31）mm，前翅长（9.04±0.02）mm，前翅宽（3.34±0.09）mm，肘脉指数为2.34±0.25，第三背板长（2.34±0.03）mm，第四背板长（2.16±0.03）mm，第三、四背板色泽以黄为主，有黑色细条纹，尾尖黑色。

3.3 配套系生产性能

3.3.1 各品系生产性能

3.3.1.1 H系 日有效产卵量1 500粒以上；产蜜量高于40 kg/年；群体规模：基础蜂群10群以上；

3.3.1.2 C系 产蜜量高于40 kg/年；群体规模：基础蜂群10群以上；

3.3.1.3 A系 产蜜量高于40 kg/年；群体规模：基础蜂群10群以上；

3.3.1.4 I系 秋季蜂螨的寄生密度不超过0.03；群体规模：基础蜂群10群以上。

3.3.2 父母代生产性能

蜂王日有效产卵量1 500粒以上。

3.3.3 商品代生产性能

产蜜量高于40 kg/年；秋季蜂螨的寄生密度不超过0.03。

4 选育技术路线及主要选育性状

4.1 选育技术路线

依据育种目标性状分化选择的原理，选择不同的育种素材组成H系、C系、A系和I系的育种基础群。H来源于意大利蜂和美国意蜂杂交一代中Cordovan突变型，通过回交和横交相结合的方法生产符合育种目标要求的理想型个体组建，重点选育产卵能力；C系来源于卡尼鄂拉蜂蜂蜜采集力强的群体，通过回交、闭锁繁育重点选育产蜜性能；A系来源于美国意蜂中蜂蜜采集能力强的群体，通过回交、闭锁繁育重点选育产蜜性能；I系来源于本地意蜂群体，选择抗螨能力强的个体组建基础群，重点选择抗螨能力。4个品系均采用群体继代选育法实施品系选育。通过纯系个体性能测定和系间配合力测定获取纯种和杂种的多种亲属的性能信息，快速提高、纯化育种群，形成遗传稳定的新品系。按照以点带面、逐步推广的原则，逐步建立健全配套杂交繁育体系，充分利用杂种优势并大量推广优良商品蜂。

H系的选育技术路线：根据育种目标，选择形态和生产性能优良的意大利蜂和美国意蜂进行正反杂交，在F1代中选择Cordovan突变型、产卵能力强的个体通过横交和回交产生H1，从H1后代中选择形态、体色符合育种要求、产卵性能优秀的个体组建育种基础群，进行世代闭锁选育。具体杂交和选育过程参见图1。

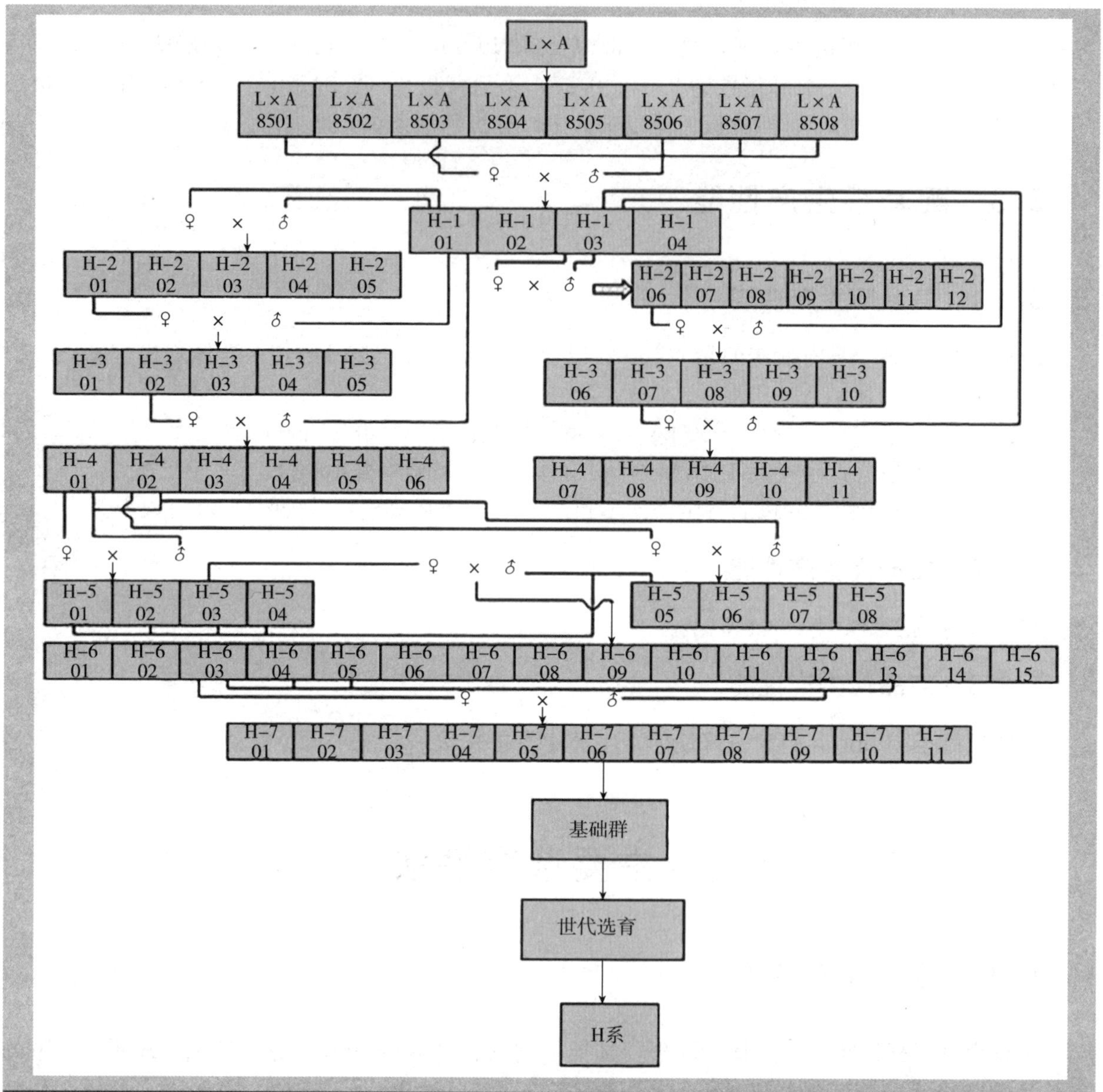

图 1　H 系育种群的组建和选育过程

C 系的选育技术路线：根据育种目标，以形态和生产性能优良的卡尼鄂拉蜂群为基础，实施闭锁繁育。以产蜜性能为选择重点，重点选择年产蜜量，根据产蜜性能高低选择留种。选育过程中每年蜂群在 10 群以上。具体杂交和选育过程参见图 2。

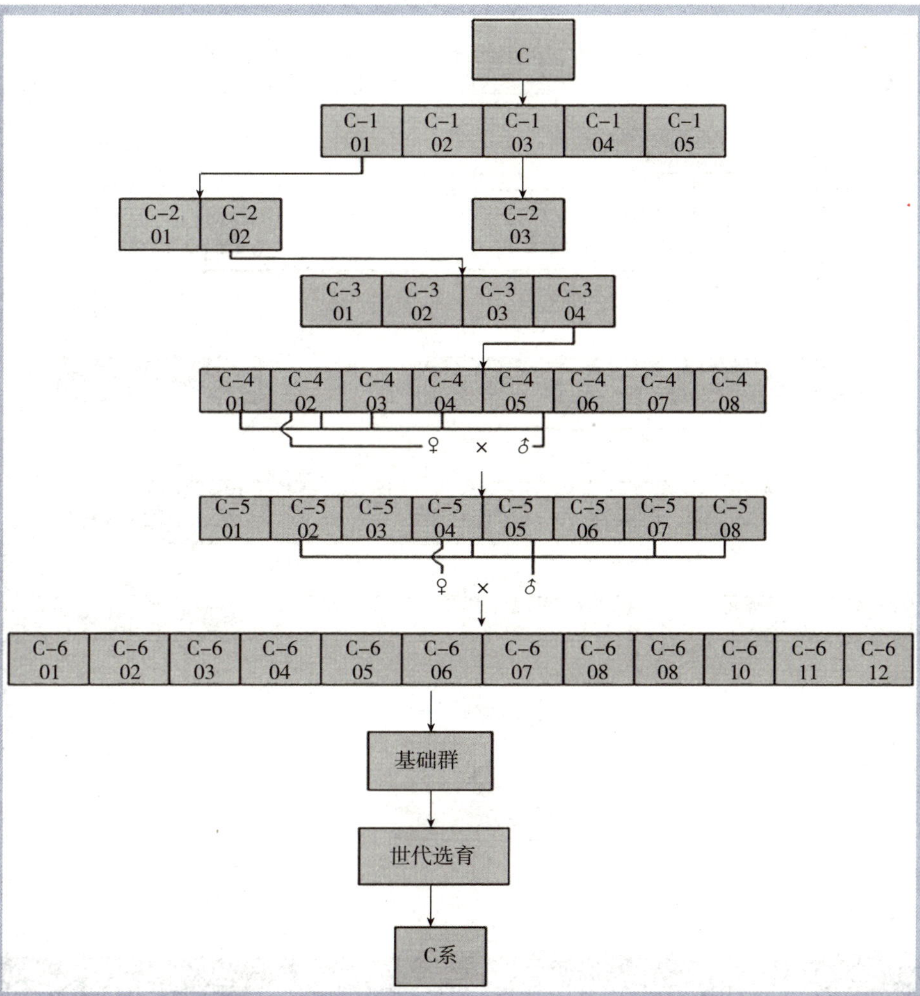

图 2　C 系育种群的组建和选育过程

A 系的选育技术路线：根据育种目标，以形态和生产性能优良的美国意蜂蜂群为基础，实施闭锁繁育。以产蜜性能为选择重点，重点选择年产蜜量，根据产蜜性能高低选择留种。选育过程中每年蜂群在 10 群以上。具体杂交和选育过程参见图 3。

I 系的选育技术路线：根据育种目标，以形态和生产性能优良的本地意蜂蜂群为基础，实施闭锁繁育。以抗螨性能为选择重点，重点选择蜂螨寄生密度，根据抗螨性能高低选择留种。选育过程中每年蜂群在 10 群以上。

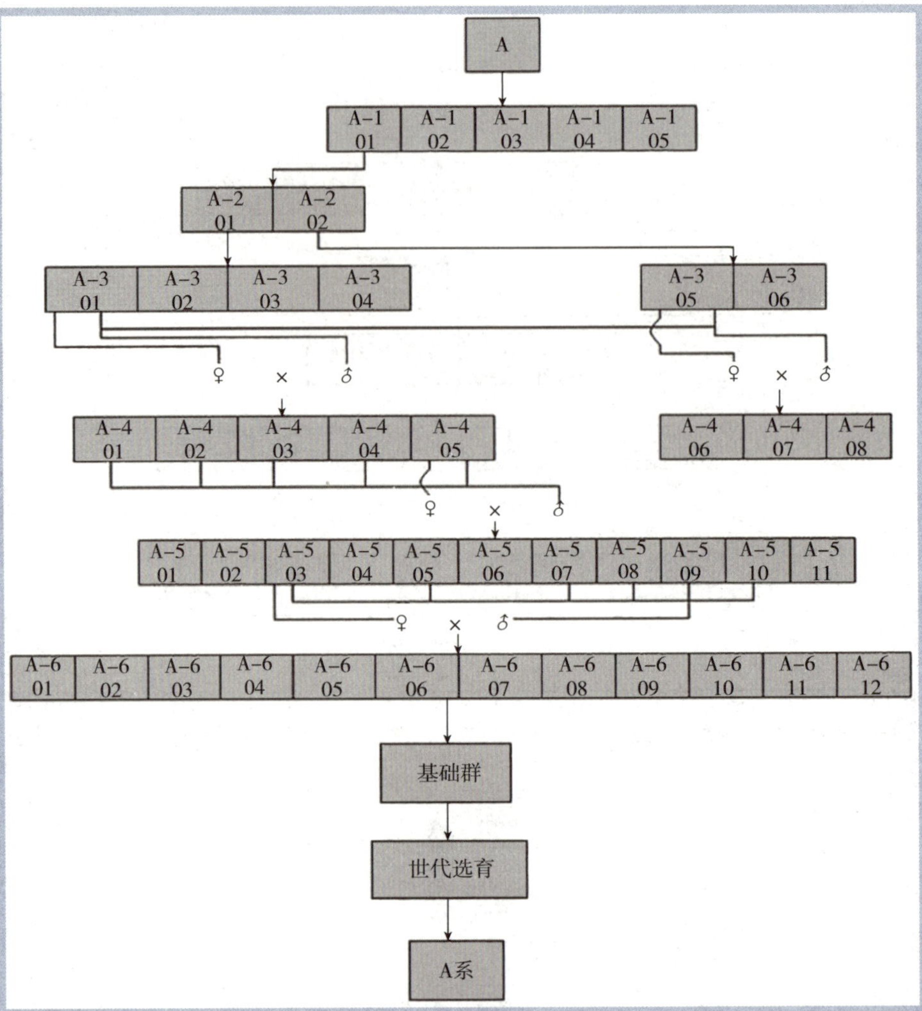

图 3　A 系育种群的组建和选育过程

4.2　主要选育性状

蜂王产卵量：在蜂王交尾后初产卵时进行。要对蜂王交尾时间、产卵时间、产卵量进行记录和检查。

蜂群抗螨能力：要对成年蜜蜂蜂螨寄生密度、蜜蜂咬杀致死蜂螨率、蜜蜂清除致死蜂蛹率进行记录和检查。

产蜜量：在一年蜜源结束时进行，对每群蜂年产蜜量进行记录和分析。

5　中试应用情况与经济效益分析

中蜜一号蜜蜂配套系于 2001 年开始选育，2004 年 2 月通过农业部科学技术成果鉴定，鉴定结果为整体达到了国际同类研究的先进水平。2004 年获山西等省份的中试许可。截至 2014 年年底，已累计推广蜂群 115 万余群，平均每年能为社会增加 1 955 万元的经济效益。

6 育种成果的先进性及作用意义

中蜜一号的突出特点为抗螨效果显著，秋季大蜂螨寄生密度平均为 0.0132，能杀死 30%以上的成年蜂体上的蜂螨。其蜂王产卵能力强，最高有效日产卵量达 1 500 粒以上，能维持较大群势，采集能力强，年平均每群产蜜 43.30kg，与本地意蜂相比，提高 59.43%（对照群平均每群产蜜 27.16kg）。适合我国大部分地区饲养。达到了秋季大蜂螨寄生密度不超过 0.03，蜂蜜产量比本地意蜂增产 30%的育种目标。中蜜一号为国内首次以抗螨行为为选育指标，成功地选育出适合我国大部分地区饲养的西方蜜蜂抗螨高产配套系。

7 推广应用的范围、条件和前景

经过 11 年的中试推广证明，中蜜一号蜂蜜产量高、抗螨能力强、性情温驯，能够满足我国大部分地区养蜂者对抗螨高产蜂种的需求。只要由中国农业科学院蜜蜂研究所妥善保存配套系，需要应用抗螨蜂种的蜂场，每年购买母本蜂王，自行育王换种即可，推广技术简单。若当地养蜂主管部门能组织大面积统一换种，则效果更好，具有广阔的推广前景。

江泉白猪配套系

证书编号： 农 01 新品种证字第 25 号
培育单位： 山东华盛江泉农牧产业发展有限公司
山东农业大学

JW1 系公猪

JW1 系母猪

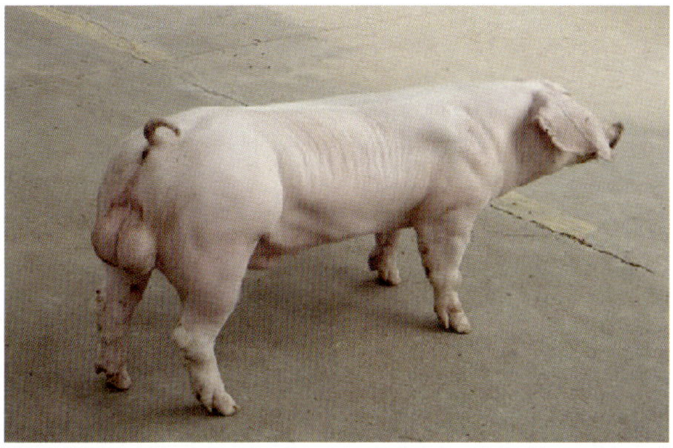

JW2 系公猪

JW2 系母猪

JW3 系公猪

JW3 系母猪

JW23 父母代母猪

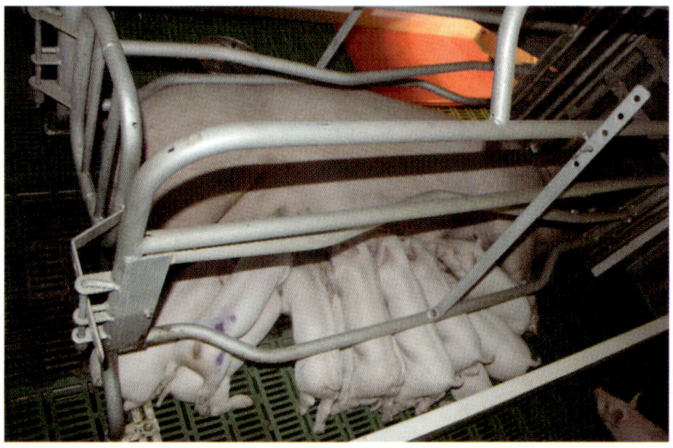

JW23 母猪-哺乳

JW23 父母代群体

JW123 商品猪群体

1 培育单位概况

1.1 山东华盛江泉农牧产业发展有限公司

山东华盛江泉农牧产业发展有限公司是华盛江泉集团下属子公司，1995年起涉足养猪业，是中国养猪百强企业。公司养猪产业链完善，建有600头规模的山东省原种猪场1处；各3 000头母猪的扩繁场2个，年出栏6万头和1万头规模的商品猪场各1个，容纳300头公猪的种公猪站1个。公司存栏大白、长白、杜洛克纯种猪母猪2 000头，长大二元母猪5 000头；江泉白猪配套系纯种猪2 250头，其中核心群760头。公司养猪场选址合理、设施先进，按现代化生产工艺组织生产，采用国内先进的全自动环控系统、全自动饲喂系统、全自动消毒系统，建设有高床产仔、定位栏、漏缝地板、网床保育、公猪站等设施，配套建设了日处理11 000m^3污水的污水处理场。公司新建的农牧产业园区占地6.67×10^6 m^2，生态环境好，远离村庄和交通干道，目前已投产了2个3 000头种猪规模的繁育场，每个猪场含2栋产仔舍（2×15单元×24个限位栏），配种舍2栋（2×1 200栏），妊娠舍2栋(2×6单元×148头/单元),保育舍2栋（2×12单元×24栏/单元×20头/栏），育肥舍4栋（2×12单元×24栏/单元×20头/栏）。

公司产业链完善。下属企业"临沂盛泉油脂化工有限公司"，年加工大豆130万t，可生产23万t豆油和105万t豆粕；"江泉饲料公司"建有一条预混合饲料生产线，三条配合饲料生产线，年产饲料15万t；"临沂盛泉肉制品有限公司"年屠宰加工生猪50万～60万头，年产各类肉品4万t，年生产高、低温火腿肠22万t。

公司技术力量雄厚。现有专业技术人员205人，其中具有本科以上学历人员62人，具有高级专业技术职称人员13名，中级专业技术职称人员22名。与中国农业大学、山东农业大学建立了长期合作关系。2000年起与山东农业大学合作，建立了种猪育种研究中心，开展了十余年的种猪遗传改良和新品系培育工作，建立了大白猪、长白猪育种核心群和江泉白猪、江泉黑猪新品系选育群。2014年9月被山东省科技厅批准设立了"山东省华盛江泉院士工作站"，成为山东省首家养猪行业的院士工作站，依托吴常信院士团队共同开展生猪分子育种技术研究。

2004年公司被选为"中央储备肉活体储备基地场"，被中国管理科学院授予"中国畜牧业首批放心品牌"称号。2007年"江泉"牌商品猪在通过生猪入沪申请许可后，产品又通过了国家中食恒信认证中心HACCP食品安全管理体系认证。2008年被认定为"山东省无公害生猪产地"并获得"无公害农产品"认证。2009年山东省第三届种猪拍卖会上公司大白猪获得第一名，荣获"猪王"荣誉称号。2011年公司被评为"中国养猪百强企业"。2014年，公司被评为山东省优质肉猪育种协作组先进单位，被世界农场动物福利协会授予"4星级福利养猪金猪奖"称号。

1.2 山东农业大学

山东农业大学是一所有百年历史的省属重点大学，是山东省属高校中最早获得博士学位授权、最早设立博士后科研流动站和最早拥有国家级重点学科的高校，也是目前山东省属高校中拥有院士、博士点、博士后科研流动站、国家级重点学科最多的高校。学校教学、科研基础雄厚，是一所以农业科学为优势，生命科学为特色，融农、理、工、管、经、文、法、医、教育学等于一体的多科性大学。现有全日制在校生 33 300 人，其中博士、硕士研究生 3 029 人。教职员工 2 653人，现有教职工 2 653 人，教师中有教授、副教授 895 人，中国科学院院士 2 人，中国工程院院士 4 人，入选国家“百千万人才工程”专家 8 人，国家有突出贡献的中青年专家 4 人，国家千人计划 1 人，国家青年千人计划 2 人，国家杰出青年科学基金获得者 1 人，国家级教学名师 4 人；“长江学者和创新团队发展计划”创新团队 2 个，国家级教学团队 3 个；泰山学者攀登计划 1 人、“泰山学者” 19 人。

学校设有 20 个学院，学校拥有 12 个博士后科研流动站，10 个一级学科博士点、49 个二级学科博士点，24 个一级学科硕士点、99 个硕士点，86 个本科专业；有 1 个国家重点实验室、2 个国家重点学科、2 个国家工程实验室、2 个国家工程技术研究中心，1 个国家小麦育种栽培技术创新基地，1 个科技部、教育部新农村发展研究院，2 个农业部重点学科、1 个农业部综合性重点实验室、2 个农业部专业性（区域性）重点实验室、2 个农业部农业科学观测实验站、1 个国家林业局山东泰山森林生态系统定位研究站，21 个省级重点学科、13 个省级重点实验室、1 个省级人文社科研究基地、1 个省级软科学研究基地，1 个国家小麦改良分中心、1 个农业部谷物品质检测中心、1 个农业部农药环境毒性研究中心、1 个黄淮海区域玉米技术创新中心、2 个省级协同创新中心，12 个省级工程技术研究中心、4 个省级国际合作研究中心。有 5 门国家精品课程，2 门国家双语示范课程，5 门国家级精品资源共享课，9 个国家特色专业，2 个国家人才培养模式创新实验区，3 个国家实验教学示范中心，1 个国家级大学生校外实践教育基地。学校占地面积 $343hm^2$，建筑面积 118 万 m^2，教学科研仪器设备总值 4.6 亿元，图书馆藏书 239 万册、数字资源量 77 190GB。

改革开放以来，学校获得包括国家技术发明一等奖在内的国家级科技成果奖 25 项，省部级以上科技成果奖 380 多项。获得国家级教学成果奖 8 项，其中，国家级教学成果特等奖 1 项、一等奖 2 项，省级以上教学成果奖 61 项。

2 培育背景与培育目标

2.1 培育背景

猪肉是我国人民的传统肉食和主要肉食来源，生猪存栏数和猪肉总产量居世界首位。近年来，随着国民经济的快速发展和居民消费观念的转变，安全、健康、风味好的优质猪肉及其产品越来越受到消费者的青睐。我国优质猪的生产主要有两种模式：一是地方品种猪的纯种生产模式，二是地方猪与外来品种的二元杂交（内二元）或采用“杜长本”或“杜大本”形式的所谓“内三元”杂交。第一种生产模式得到的猪肉产品肉质优良，但由于饲养成本高、肉少脂多、售价奇高而不能满足市场对优质、价廉猪肉的大量需求，也不符合节粮高效、可持续畜牧业的发展方向。第二种经济杂交的生产模式将中国地方猪耐粗饲、抗逆性强、繁殖力高、肉质好的种质特点和西方瘦肉猪体大、快长、瘦肉多的特点结合起来，成为优质猪生产的重要途径。但“内二元”及“内三元”商品猪毛色混杂，分离出地方猪的黑毛或花毛、杜洛克猪的红毛、长白猪或大白猪的白毛，给商品猪的收购、分类、定级定价带来不少麻烦；同时，由于品种内个体差别较大，品种间杂交得到的商品代整齐度差，是一种适合中国小农户模式的经济杂交，但不能满足工厂化养殖对产品规格化的要求，难于形成规模化、标准化和产业化。

山东华盛江泉农牧产业发展有限公司 1995 年起涉足养猪产业，拥有原种猪场、良种扩繁场和商品猪生产、饲料加工、豆粕生产、生猪屠宰和猪肉产品深加工的完整产业链。公司养猪产业仍然沿用国内普遍采用的“杜长大”杂交繁育模式，同质化的生产和产品难于形成公司的核心竞争力。2000 年起公司承担了我国地方品种猪——沂蒙黑猪的保种任务，如何更好地保护、开发和利用这一品种资源是公司面临的又一课题。鉴于此，公司决定培育优质肉用型猪配套系，解决沂蒙黑猪保种和产品同质化竞争的问题，将优质肉猪良种培育、生产线和深加工产品线的建立列入公司长远发展战略。2000 年冬，公司和山东农业大学有关领导和专家就共同开展“优质型猪新品系选育”项目进行了论证。课题攻关组在经过详尽的调查研究和科学论证的基础上，制订了详细的选育实施方案，于 2001 年 3 月正式启动实施。经过十五年辛勤而卓有成效的工作，圆满完成了课题研究内容和各项任务指标，成功培育了三系杂交的“江泉白猪配套系”。

2.2 培育目标

总体思路设计：培育 3 个各具特点的专门化品系，通过 3 系配套杂交生产优质瘦肉型商品猪。要求整个繁育体系具有较高的生产效率，母系繁殖力高、母性好、肉质优良；父系生长快、瘦肉率高；商品代体型外貌统一，被毛白色，生长较快且整齐度高，瘦肉率适中，抗病力强，适应性广，肉质优良。

JW1 系（终端父本）：体型与原种杜洛克相似，显性白基因纯合型，被毛纯白者达 100%；育肥达 100kg 体重日龄低于 165d，胴体瘦肉率 65%以上，料重比低于 2.5∶1；群体规模：公猪 6 个以上家系，基础母猪 100 头以上。

JW2 系（母系父本）：符合长白猪品种特点；经产母猪窝产仔数 11 头、活仔数 10 头以上；育肥达 100kg 体重日龄 168d 以内，胴体瘦肉率 64%以上，料重比低于 2.6∶1；群体规模：公猪 6 个以上家系，基础母猪 300 头。

JW3 系（母系）：符合沂蒙黑猪品种特点；经产母猪窝产仔数 12 头、活仔数 11 头以上；育肥达 100kg 体重日龄低于 230d，胴体瘦肉率 48%以上，肌内脂肪 4.0%以上；群体规模：6 个以上公猪家系，300 头以上基础母猪。

商品猪：被毛白色，达 100kg 体重日龄 180d 以内，料重比低于 3.0∶1，瘦肉率 55%以上，肌内脂肪 2.5%以上，肉质优良。

3 配套系的组成及特征特性

3.1 配套系组成

江泉白猪配套系由三个专门化品系组成。JW1 系：终端父本，以杜洛克和大约克为主要育种素材，引入少量长白猪血统，建立体型和生产性能与杜洛克相似，但被毛为显性白、身体较长、瘦肉率高的专门化父系；JW2 系：母系父本（第一父本），在美系长白猪种群基础上，通过选优提纯建立；JW3 系：母系母本，在沂蒙黑猪基础上，通过选优提纯建立。3 个专门化品系配套杂交模式是：JW1$_{♂}$ × （JW2$_{♂}$ ×JW3$_{♀}$）$_{♀}$。

3.2 配套系外貌特征及特性

3.2.1 各品系外貌特征及特性

3.2.1.1 **JW1 系** 毛色纯白，皮肤白色；头中等大小，额宽，嘴筒较直略显粗短，耳中等大小，向前垂耳（为主）或半耳垂；体宽胸深；背中线明显，后躯肌肉发达，呈“双脊背”“双肌臀”特征；四肢粗壮结实；外生殖器官发育良好，乳房 7 对。

3.2.1.2 **JW2 系** 被毛白色，体躯长；头小颈轻，鼻嘴狭长，耳较大前倾；背腰平直，后躯发达，腿臀丰满，整体呈前轻后重的流线型，外观清秀美观。

3.2.1.3 **JW3 系** 被毛全身黑色，背部有鬃毛，皮肤灰色或黑色。体型中等，体质健壮，结构匀称紧凑。头大小适中，额部有金钱形皱纹，嘴较短微撅。耳中等大小、耳根稍硬，耳尖向前倾罩。躯干中等长，背腰平直，腹部较大但不下垂，臀部较丰满，乳头 7～8 对。四肢较粗壮结实，无铺蹄卧系。尾根粗，尾端较细，尾长 15 cm 左右。典型的外貌特征为：金钱顶、罩耳朵、全身黑、灰皮稀毛。

3.2.2 父母代外貌特征

3.2.2.1 **公猪** 纯合“显性白”被毛特征；嘴筒较直略显粗短，垂耳（为主）或半耳垂；体躯宽深，背中线明显，体型略呈流线型，四肢健壮，后躯丰满。

3.2.2.2 **母猪** 被毛多数白色，少数个体有少量黑毛，皮肤白色带有少量黑斑，脸稍长而直，耳较中等大、下垂，背腰平直，后躯丰满，四肢粗壮结实。

3.2.3 商品代外貌特征

全身毛色全白，少数个体皮肤偶见金钱大小黑斑，头中等大小，脸直中等长，耳较小、向前倾罩，身体中等偏长，肩部宽厚，背腰平直，后躯丰满，四肢粗壮结实。

3.3 配套系生产性能

3.3.1 各品系生产性能

3.3.1.1 **JW1 系** 经产母猪产仔数（11.4±1.9）头，产活仔数（10.5±1.7）头，泌乳力（68.2±11.2）kg；30～100kg 育肥阶段平均日增重（835±55）g，胴体瘦肉率（67.1±2.3）%，料重比 2.45∶1。详见表 1。

3.3.1.2 **JW2 系** 经产母猪产仔数（12.0±1.9）头，产活仔数（11.2±1.8）头，泌乳力（73.5±11.7）kg，30～100kg 育肥阶段平均日增重（845±58）g，胴体瘦肉率（65.2±3.3）%，料重比 2.38∶1。详见表 1。

3.3.1.3 **JW3 系** 经产母猪产仔数（12.5±1.9）头，产活仔数（11.8±1.8）头，泌乳力（54.2±7.5）kg；30～100kg 育肥阶段平均日增重（565±38）g，胴体瘦肉率（48.5±3.2）%，料重比 3.51∶1，肌内脂肪含量（4.46±0.35）%，肉色评分（3.5±0.2）分；肉质好，抗病耐粗饲。详见表 1。

3.3.2 父母代生产性能

父母代总产仔数 13.3 头（变异系数 13.2%），产活仔数 12.5 头（变异系数 12.6%）。详见

表1。

3.3.3 商品代生产性能

商品猪体重30～100kg阶段平均日增重776g（变异系数4.9%）；每增重1kg需饲料2.8kg，达100kg体重平均屠宰率73.8%，胴体瘦肉率60.2%（变异系数3.1%）；肉色鲜红，肌内脂肪含量3.02%，无PSE和DFD肉。产仔数各指标变异系数均在20%以内，生长性能和胴体性能变异系数在10%以内。详见表1。

表1 江泉白猪生产性能测定结果

选育性状		指 标	JW1系	JW2系	JW3系	父母代	商品代	数据来源
繁殖性能	产仔数（头）	$\bar{X}$	11.4	12.0	12.5	13.3	—	场内测定
		c.v（%）	16.9	15.9	15.3	13.2	—	
	活仔数（头）	$\bar{X}$	10.5	11.2	11.8	12.5	—	场内测定
		c.v（%）	16.7	16.5	15.1	13.8	—	
	泌乳力（kg）	$\bar{X}$	68.2	73.5	54.2	68.0	—	场内测定
		c.v（%）	16.4	15.9	13.8	14.3	—	
达100kg体重	日龄	$\bar{X}$	163.3	160.2	226.3	—	172.3	场内测定
		c.v（%）	7.5	7.2	7.1	—	6.5	
	平均日增重（g）	$\bar{X}$	835	845	565	—	776	场内测定
		c.v（%）	6.6	6.9	6.8	—	4.9	
	料重比	$\bar{X}$	2.45	2.38	3.51	—	2.81	场内测定
		c.v（%）	4.3	3.1	3.6	—	3.3	
	屠宰率（%）	$\bar{X}$	72.9	72.5	73.4	—	73.8	场内测定+武汉中心测定
		c.v（%）	2.9	2.5	3.4	—	3.2	
	瘦肉率（%）	$\bar{X}$	67.1	65.2	48.5	—	60.2	场内测定+武汉中心测定
		c.v（%）	3.4	5.1	6.6	—	3.1	
	肌内脂肪含量（%）	$\bar{X}$	2.38	2.01	4.46	—	3.02	场内测定+武汉中心测定
		c.v（%）	8.8	7.9	8.2	—	7.8	

注：繁殖性能为经产母猪统计结果，统计JW1系330窝、JW2系683窝、JW3系660窝，JW2×JW3♀144窝；育肥测定，JW1系、JW2系、JW3系及JW1×（JW2×JW3）♀商品猪测定头数分别为96头、102头、102头和112头，屠宰测定各组合均在30头以上。

4 选育技术路线及主要选育性状

4.1 选育技术路线

在全面市场调研和充分论证的基础上，确定配套系的育种目标和实施方案。依据育种目标性状分化选择的原理，选择不同的育种素材组成 JW1 系、JW2 系和 JW3 系的育种基础群。3 个品系均采用群体继代法实施品系选育。通过系内个体性能测定，采用 BLUP 方法评定后备种猪的育种值，结合分子标记辅助育种技术，快速提高、纯化育种群，形成遗传稳定的新品系。通过杂交试验和系间配合力测定，筛选了最佳的 3 系配套杂交模式［JW1♂×（JW2♂×JW3♀）♀］生产优质肉用商品猪。通过中间试验验证和示范、产品深加工及专卖店销售、配套技术研发与培训等措施，以点带面，逐步扩大推广规模。育种技术路线及配套杂交模式见图 1。

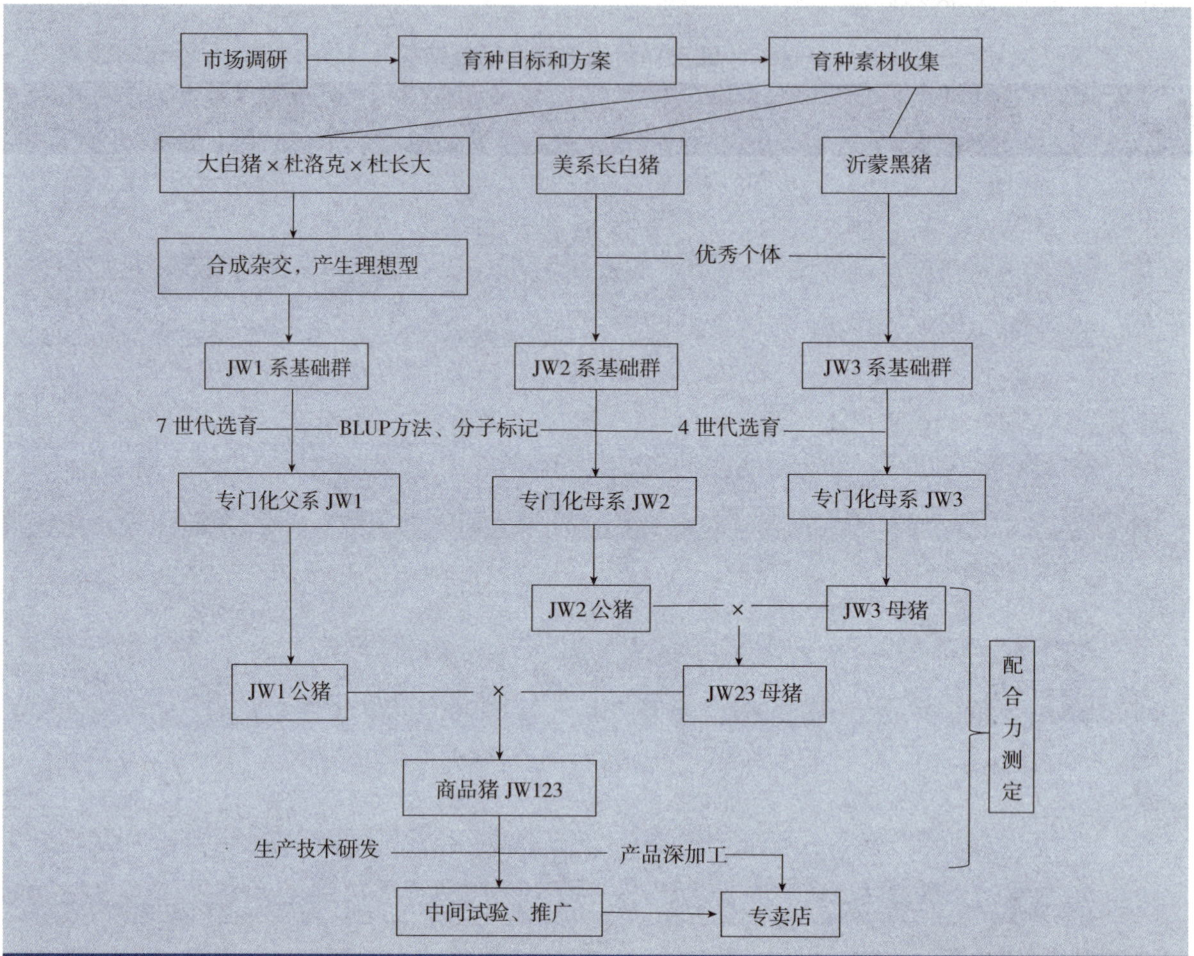

图 1　江泉白猪配套系选育技术路线与配套杂交模式

4.2　主要选育性状

4.2.1　JW1 系主要选育性状

采用多品种合成杂交的方法将大白猪的显性白基因和长白猪的体长基因导入杜洛克猪群，经回交与横交产生生长快、瘦肉率高、被毛和皮肤全白个体组建基础群，重点提高瘦肉率和生长速度，在保持杜洛克体型特征的基础上将被毛选育提纯为纯白色。

4.2.2　JW2 系主要选育性状

以美系长白猪为基础，通过种群系谱分析和性能分析，选择亲缘关系较远的 6 头公猪和 60

头母猪组建核心育种群。以生长速度和瘦肉率为选育重点，兼顾繁殖性能，严格按方案实施性能测定和选种选配，经过多代选育，获得生产性能高、遗传稳定的新种群。

4.2.3 JW3 系主要选育性状

在公司沂蒙黑猪保种群基础上，选择繁殖性能好的 6 头公猪和 48 头母猪组建基础群，实施闭锁选育，重点选育提高繁殖性能和群体的一致性。应用动物模型 BLUP 估计公母猪的育种值，根据繁殖性能指数高低留种。

5 中试应用情况与经济效益分析

2012 年获得山东省畜牧兽医局关于开展中间试验的批复，在山东省进行了中试推广，并在江苏、上海、福建、河北等省份开展了适应性观察试验。截至 2015 年 6 月，累计推广父母代种猪 9.6 万头，商品猪 196 万头。中试结果表明，江泉白猪父母代母猪繁殖性能好，杂种优势明显，经产母猪平均窝产总仔 13.0 头、活仔数 12.2 头；商品猪达 100kg 体重上市日龄 173 d，料重比 2.82：1，屠宰率 73.5%，瘦肉率 59.8%，肉色 3.3 分，肌内脂肪含量 3.0%。客户普遍反映，江泉白猪种公猪精液品质好，射精量大；种母猪母性好，护仔力强、断奶成活率高；商品猪抗病力强，易饲养，生长较快，整齐度高。另外，公司还研发了高档优质火腿、香肠、猪手、猪头肉等深加工产品，并在临沂、泰安建立了销售冷鲜肉和深加工产品的专卖店，研发了配套生产技术，建立完善了销售、技术服务队伍，为配套品系种猪的推广奠定了良好基础。

6 育种成果的先进性及作用意义

6.1 育种成果的先进性

6.1.1 父系（JW1）的特色鲜明，综合利用价值高

JW1 系公猪具有纯合“显性白”被毛特征，作为终端父本，与含黑猪血统的母系猪杂交，商品猪均为纯白色，体型外貌统一；公猪适应性好，具有抗热应激能力，特别是在夏季高温季节，在没有任何降温措施的情况下，公猪的精子活力仍能保持在 0.6 以上，适合养殖条件较差的中小猪场。JW1 系母猪繁殖性能优于普通杜洛克，种猪繁育成本低，母猪做商品猪养殖，被毛为纯白色，肉质良好，售价高于普通红色杜洛克。

6.1.2 两母系繁殖性能好，杂种优势明显

母系杂交得到的 JW2 母猪总产仔数 13.3 头，产活仔数 12.5 头，供种能力强；母猪窝产优质瘦肉达 514kg，比沂蒙黑猪纯种提高了 35%。

6.1.3 商品猪生长快，肉质好，群体整齐，综合效益高

与“杜长大”相比，系水力高，大理石纹明显，肌内脂肪含量提高了 50%以上，肌苷酸含

量提高了 55%，多不饱和脂肪酸总量提高了 17%，每头商品猪产值提高 130 元。与纯种沂蒙黑猪相比，达 100kg 体重日龄缩短了 60d，瘦肉率提高了 23%，料重比降低了 21%；与“内三元”相比，被毛均为纯白色，体型外貌统一，出栏体重整齐度高，提高了商品率和售价。

6.2 作用意义

新品系的育成，丰富了我国猪种资源，为未来我国优质肉猪的生产提供了良好种源，满足了广大消费者对优质猪肉不断增长的巨大需求，为提高我国养猪产业在国际社会的竞争力奠定了良好基础。同时在新品系培育过程中，培养了大批育种技术骨干，完成技术的集成创新。新品系的推广，带动了广大从业者发家致富以及饲料、轻工、食品等相关行业的发展，实现农牧业良性发展，社会效益和生态效益显著。江泉白猪选育的成功，为我国标准化、规模化养猪水平的进一步提高提供良好的种源，奠定了坚实基础。

7 推广应用的范围、条件和前景

随着我国经济的快速发展、人民生活水平的不断提高以及消费观念的转变，安全、健康、肉香味美的优质猪肉越来越受到消费者的欢迎。江泉白猪配套系结合了国内外猪种的遗传优势，商品猪具有生长快、瘦肉率较高、肉质好、抗逆性强、整齐度高的优点，既适合工厂化大规模生产，也适宜中小规模养殖，能够满足广大消费者对优质猪肉的大量需求。近三年在山东、江苏、河北等省市中试推广中受到广大养殖户的普遍好评。该配套系种猪及商品猪适应性强，可以在我国大多数地区推广应用，在中高端优质猪市场中具有广阔的应用前景。

温氏 WS501 猪配套系

证书编号： 农 01 新品种证字第 26 号

培育单位： 广东温氏食品集团股份有限公司
华南农业大学

W51-公猪

W51-母猪

W62-公猪

W62-母猪

W52-公猪

W52-母猪

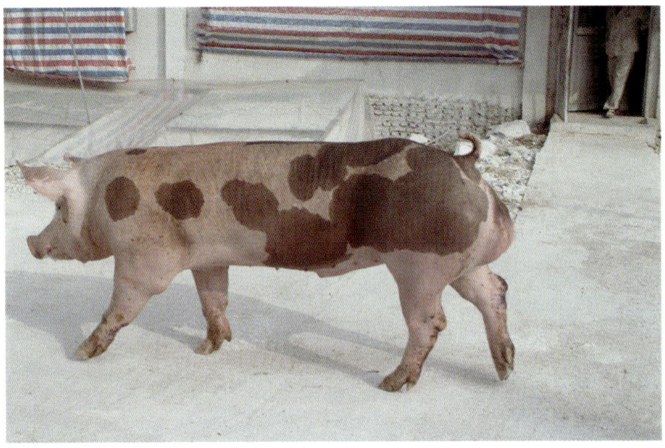

S11-公猪

S11-母猪

S22-公猪

S22-母猪

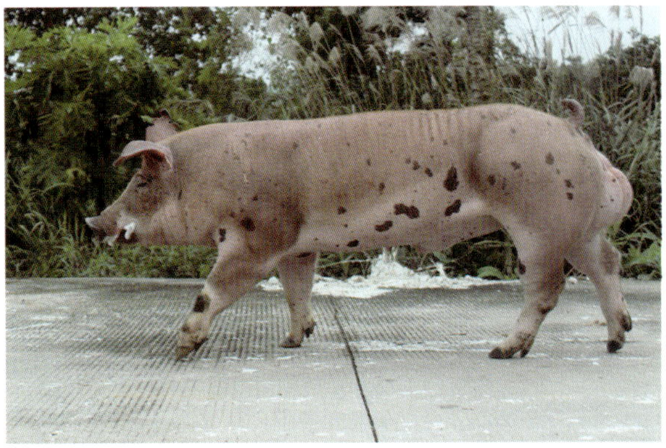

S122-公猪

W212 个体

W212-群体

S122-群体

W352-群体

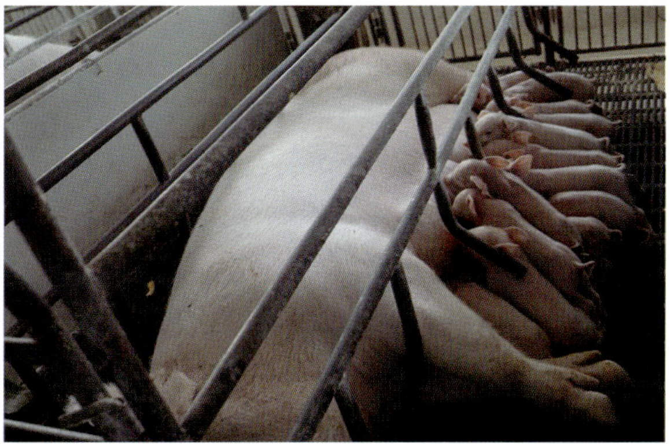

W352-哺乳

W351-群体

W351-群体

1 培育单位概况

1.1 广东温氏食品集团股份有限公司

广东温氏食品集团股份有限公司（简称“温氏集团”），创立于 1983 年，由七户农民集资 8 000元起步，现已发展成一家以养猪业、养鸡业为主，以养鸭业、养牛业为辅，兼营食品加工、农牧机械的多元化、跨行业、跨地区发展的现代大型畜牧企业集团。温氏集团已在全国 23 个省（自治区、直辖市）建成 170 多家一体化公司，现有员工 3.77 万人，其中硕士 270 多人，博士近 50 人，外聘专家 30 多人。2014 年，温氏集团上市肉猪 1 218 万头、肉鸡 6.97 亿只，实现销售收入 380 亿元，其中肉猪上市规模和猪育种规模达到亚洲第一。有合作家庭农场 5.3 万户，全体家庭农场全年获利 39.9 亿元，户均获利 7.5 万元。温氏集团先后被评为农业产业化国家重点龙头企业、国家级创新型企业、中国 500 强企业、广东大型企业竞争力 50 强，温氏品牌入选中国畜牧业最具影响力品牌。

温氏集团自创立以来，始终坚持科技创新，建立了完善的创新机制，搭建了良好的创新平台，取得了一大批科技成果，为企业的快速和可持续发展提供了强大的技术支撑。公司先后与华南农业大学、中山大学、中国科学院广州分院等全国近 20 所高等院校、科研院所建立了长期而紧密的“产学研”合作关系，组建了国家生猪种业工程技术研究中心、国家企业技术中心、博士后科研工作站、农业部动物营养与饲料学重点实验室、广东省企业研究院、广东省畜禽健康养殖与环境控制企业重点实验室、科技特派员工作站、院士工作站等技术创新平台。

温氏集团主持了国家 863 计划项目“猪分子细胞工程育种技术创新与优势性状新品系培育”、国家生物育种创新能力建设与产业化项目“猪分子与细胞工程育种创新能力建设与产业化”、国家良种工程专项“节粮高效瘦肉型父本种猪新品系选育与配套应用”等省部级以上重大科技项目 80 余项。研究创新出具有自主知识产权的先进技术 150 余项，申报并获得国家专利 90 余项。培育的“华农温氏Ⅰ号猪”瘦肉型猪配套系以及“新兴黄鸡Ⅱ号”等 6 个优质肉鸡配套系 均通过了国家品种审定，并荣获广东省名牌产品。公司培育的种猪在农业部种猪质量监督检验测试中心（广州）组织的性能测试评比中多次荣获第一名，甚至多次获得体型评分和性能指数俱佳的“双料”冠军。

1.2 华南农业大学

华南农业大学办学历史悠久，是全国重点大学、广东省和农业部共建的“211 工程”大学。校园坐落在素有“花城”美誉的广州市，占地 550 万 m^2，校舍总建筑面积约 137 万 m^2，初步形成“五湖四海一片林的紫荆校园”环境。在百余年的办学历程中，形成了优良的办学传统、鲜明的办学特色和“修德、博学、求实、创新”的校风，建立了研究生教育、本科教育和继续教育多层次多形式的办学体系。学校学科门类齐全，有 94 个本科专业，12 个博士学位授权一级学科，23 个硕士学位授权一级学科，52 个博士学位授权点，103 个硕士学位授权点；有预防兽医学、农业昆虫与害虫防治等 5 个国家重点学科，农业机械化工程 1 个国家重点（培育）学科，5 个农业部重点学科，12 个广东省一级重点学科和 1 个国家林业局重点学科。现有教职工 2 900 多人，教授、副教授 1 000 余人，其中，中国科学院院士和中国工程院院士各 1 人，国务院学位委员会学科评议组成员 5 人，“长江学者奖励计划”特聘（讲座）教授 6 人，广东省高等学校珠江学者特聘教授 15 人，国家杰出青年基金获得者 3 人，广东省高等学校“千百十工程”培养对象国家级人选 5 人，新世纪“百千万人才工程”国家级人选 3 人，教育部新世纪优秀人才 11 人，国家级教学名师 2 人，国家级教学团队 3 个，博士生导师 227 人，硕士生导师 838 人。

学校拥有开展科学研究的良好条件。现有亚热带农业生物资源保护与利用国家重点实验室、国家生猪种业工程技术研究中心、畜禽育种国家地方联合工程研究中心、国家植物航天育种工程技术研究中心、人兽共患病防控制剂国家地方联合工程实验室和国家兽医微生物耐药性风险评估实验室等 6 个国家级科研平台，博士后科研流动站 11 个，教育部重点实验室 2 个，农业部重点实验室 9 个，农业部科学观测实验站 3 个，广东省重点（工程）实验室 12 个，教育部工程研究中心 3 个，广东省工程技术研究中心 5 个，广东省普通高校产学研结合示范基地 8 个，广东省人文社科重点研究基地 2 个。农业部植物新品种测分中心（广州）、农业部畜禽产品质量监督检验测试中心（广州）、农业部转基因植物及植物用微生物环境安全监督检验测试中心（广州）、广东农村政策研究中心、广东省低碳经济和应对气候变化研究中心和广东省质量监督木材及木制品检验站均设在学校。

2 培育背景与培育目标

2.1 培育背景

2.1.1 商品肉猪市场向大体重上市方向发展

长期以来，我国生猪屠宰实行按头收税（费）的政策，屠宰厂为了降低生产成本，更偏好屠宰体重大的肉猪。从生猪屠宰商的角度来看，商品猪上市体重越大越好。在规模化养殖条件下，瘦肉型商品猪生产投入大，养猪场（户）十分关注养殖效率和经济效益，从分摊种猪费用的角度来看商品猪上市体重也是越大越好。而且，商品猪大体重上市可大幅提高产肉量，在提供相同数量猪肉的情况下可大幅减少所需要的能繁母猪数。如果上市体重从 90kg 提高到 115kg，产肉量可提高 18%。但是，最佳上市体重与其品种的生长特性密切相关，也就是说，在商品猪生长后期达较大的体重后还要能够保持较高的饲料转化率、较快的生长速度、较高的瘦肉率和优良的肉质，还要能够获得更好的经济效益。

在 2005 年前，我国的瘦肉型猪品种存在“一大就耗料太多、一大就肥、一大就不合算”的问题，不适合养大猪上市，屠宰体重普遍在 90kg 左右。2005 年世界生猪胴体重平均水平为 78.40kg，法国和美国分别达到 90.70kg 和 90.40kg，且胴体重几乎以每年近 0.5kg 的幅度增加，而中国只达到 76.90kg，低于世界平均水平，这表明当时中国肉猪生产仍存在肥猪生长缓慢、饲料消耗多、设备利用率低、经济效益不高等问题。因此，集团经广泛调研和深入分析，认为商品猪生产总体发展方向是既要求大体重上市，同时也要保持高效和优质，养猪业急切需要能养大猪（即能在较大的经济体重上市）的品种。

2.1.2 规模化养猪急需高产品种

我国自 80 年代起开始着力于瘦肉型猪育种，主要采用常规育种方法针对中等以上遗传力性状进行瘦肉型猪的遗传改良，在 30～100kg 日增重、达 100kg 日龄、达 100kg 背膘厚、瘦肉率等性状方面取得了较大的遗传进展，但在产仔数、产活仔数等低遗传力繁殖性状上进展缓慢。每头母猪年提供上市猪头数是衡量规模化养猪生产技术水平的重要指标，也是提高养猪经济效益的重要途径，而要提高每头母猪年提供上市猪头数，最有效的措施在于提高种猪繁殖性能。2005年，我国出栏商品猪60 367.4万头，存栏能繁母猪4 300万头，每头母猪年提供上市猪头数只有14头左右，而发达国家普遍平均水平在20头以上，如丹麦2005年母猪年产2.27窝，母猪年断奶仔猪数26.1头，母猪年上市肉猪数24.3头。造成巨大差距的原因有配种分娩率低、成活率低等多方面，但根本原因在于我国缺乏高产品种。我国规模化养猪要赶超发达国家先进水平，进一步提高综合经济效益，必须自主培育具有产仔数和产活仔数高、断奶窝重大等特点的瘦肉型高产专门化品系。

2.1.3 温氏集团快速发展需要有优良品种来支撑

温氏集团自90年代末期开始大力发展养猪，从1999年出栏5.1万头发展到2005年出栏95.2万头，增长了18倍。在大力发展养猪的同时，温氏集团率先在国内开展专门化品系选育和配套系筛选，于2005年成功培育了华农温氏Ⅰ号猪配套系并通过国家家畜品种审定委员会审定（见农业部公告第668号），为集团养猪业务的快速增长提供了强有力的支撑。华农温氏Ⅰ号猪配套系具备瘦肉率高、屠宰率高、生长速度快等突出优点，适合在90～100kg上市，但由于当时种猪资源和育种技术的限制，也存在繁殖力一般、体躯不够高长、不适合在110kg以上大体重上市的缺点。2005年，温氏集团华农温氏Ⅰ号猪配套系肉猪的平均上市体重为96.5kg，产活仔数为10.9头，虽然符合当时的市场需求，但从长期来看，明显不能适应上市经济体重不断提高的未来市场，也难以满足国内不同区域市场的多元化需求。

按照《温氏集团二五规划（2005—2009）》，集团养猪业要保持20%～30%的年增长率，至2009年出栏量要达到300万头，并用15～20年的时间出栏量突破3 000万头，同时养猪业的发展重心由广东省向广西、福建、湖南、湖北、江苏、海南等地转移，逐步实现全国布局。由于不同区域对繁殖力、上市体重、体型和肉质等生产性状的要求不同，故需要培育更多具有不同特点的专门化品系，并采用多样化的杂交配套方式，与多元化的市场需求相适应。为了实现集团的中长期规划发展目标，集团在充分考虑已有种猪资源、育种条件、技术储备的基础上，决定以高产、高效、优质为育种方向，以大体重上市、高产仔数、高饲料转化率为主要育种目标，培育与四系配套的华农温氏Ⅰ号猪配套系不同的五元杂交配套系。

2.2 培育目标

培育单位在对种质资源进行评价的基础上，按照高产、高效、优质的育种方向，以高繁殖力、大体重上市、高饲料转化率为新配套系的主要育种目标，兼顾生长速度、瘦肉率、肉质和适应性。

2.2.1 各专门化品系选育目标

2.2.1.1 S11系育种目标

体型外貌：头颈清秀，体躯长，肌肉丰满，四肢粗壮，肢蹄结实，毛色呈灰白色并带有不规则的深黑色斑点。乳头排列整齐，有效乳头6对。

肥育性状：校正30～115kg料重比，公猪2.35、母猪2.45；校正30～115kg日增重，公猪830g、母猪800g。

胴体性状：校正115kg背膘厚，公猪12.0mm、母猪13.0mm；校正115kg眼肌面积，公猪38cm²、母猪36cm²。

群体氟烷应激基因频率控制在 15%以内。

初配日龄 220～245d，初配体重 120kg 以上。

各性状经济加权值：料重比 0.20、校正日增重 0.30、校正背膘 0.30、校正眼肌面积 0.20。

2.2.1.2 S22 系育种目标

体型外貌：头大小适中，体躯高长，骨架大，肌肉丰满，四肢粗壮有力，肢蹄结实，毛色以棕黑色、棕红色为主，乳头排列整齐，有效乳头 6 对。

肥育性状：校正 30～115kg 料重比，公猪 2.35、母猪 2.45；校正 30～115kg 日增重，公猪 850g、母猪 820g。

胴体性状：校正 115kg 背膘厚，公猪 13.0mm、母猪 14.0mm；校正 115kg 眼肌面积，公猪 $36cm^2$、母猪 $34cm^2$。

初配日龄 220～245d，初配体重 120kg 以上。

各性状经济加权值：料重比 0.20、校正日增重 0.30、校正背膘 0.35、校正眼肌面积 0.15。

2.2.1.3 W51 系育种目标

体型外貌：体型呈流线型，体躯长，骨架大；头颈清秀，鼻嘴狭长，耳较大、向前倾或下垂；腹线平直，肌肉紧凑，肢蹄稳健；皮毛全白。有效乳头数 6 对以上，排列均匀。

肥育性状：校正 30～115kg 日增重，公猪达 850g、母猪 820g。

胴体性状：校正 115kg 背膘厚，公猪 14.0mm、母猪 15.0mm；校正 115kg 眼肌面积，公猪 $32cm^2$、母猪 $30cm^2$。

繁殖性状：母猪初配日龄 220～245d，初配体重 120kg 以上，平均产总仔数 11.0 头以上（初胎 10.0 头以上），平均产活仔数 10.0 头以上（初胎 9.0 头以上），平均产健仔数 9.5 头以上（初胎 9.0 头以上），平均 21 日龄窝重 52kg 以上（初胎 50kg 以上）。

各性状经济加权值：校正背膘 0.25、校正日增重 0.2、眼肌面积 0.10；产总仔数 0.15、产健仔数 0.15、21 日龄窝重 0.15。

2.2.1.4 W52 系育种目标

体型外貌：体躯高长，头颈清秀，背腰平直，后躯发达，肢蹄结实，被毛全白；有效乳头数 6 对以上，排列均匀。

肥育性状：校正 30～115kg 日增重，公猪达 890g、母猪 850g。

胴体性状：校正 115kg 背膘厚，公猪 14.5mm、母猪 15.5mm；校正 115kg 眼肌面积，公猪 $32cm^2$、母猪 $30cm^2$。

繁殖性状：初配日龄 220～245d，初配体重 120kg 以上；母猪平均产总仔数 11.2 头以上（初胎 10.2 头以上），平均产活仔数 10.2 头以上（初胎 9.2 头以上），平均产健仔数 9.5 头以上（初胎 9.0 头以上），平均 21 日龄窝重 53kg 以上（初胎 51kg 以上）。

各性状经济加权值：校正背膘 0.15、校正日增重 0.25、眼肌面积 0.10；产总仔数 0.15、产健仔数 0.20、21 日龄窝重 0.15。

2.2.1.5 W62 系育种目标

体型外貌：体型高长，胸深背宽，后躯丰满，四肢健壮，被毛全白。有效乳头数 7 对以上，排列均匀、整齐。

肥育性状：校正 30～115kg 日增重，公猪达 880g、母猪 850g。

胴体性状：校正 115kg 背膘厚，公猪 15.0mm、母猪 16.0mm；校正 115kg 眼肌面积，公猪 $32cm^2$、母猪 $30cm^2$。

繁殖性状：母猪初配日龄 220～245d，初配体重 120kg 以上，平均产总仔 12.2 头以上（初胎 11.2 头以上），平均产活仔数 10.5 头以上（初胎 9.5 头以上），平均产健仔数 10.0 头以上

（初胎 9.5 头以上），平均 21 日龄窝重 54kg 以上（初胎 52kg 以上）。

各性状经济加权值：校正背膘 0.15、校正日增重 0.20、眼肌面积 0.10；产总仔数 0.20、产健仔数 0.20、21 日龄窝重 0.15。

2.2.2 祖代二系杂交母猪选育目标

体型外貌：体躯长，肌肉紧凑，四肢健壮，皮毛全白，有效乳头数 6 对以上、排列均匀，群体均匀一致。

肥育性状：30～115kg 日增重 840g，30～115kg 料重比 2.45；达 115kg 体重日龄 165d。

胴体性状：胴体瘦肉率 63%。

繁殖性状：母猪初配日龄 220～245d，初配体重 120kg，平均产总仔数 12.0 头（初胎 11.0 头），平均产健仔数 11.0 头（初胎 10.0 头）。

2.2.3 父母代二系杂交终端公猪选育目标

体型外貌：体躯高长，前后躯肌肉发达，四肢粗壮，皮毛浅棕色带黑斑、额部中央有白斑，群体均匀一致。

肥育性状：30～115kg 日增重 880g；30～115kg 料重比 2.40；达 115kg 日龄 165d。

胴体性状：胴体瘦肉率大于 64%，无应激。

种用性状：公猪精神活泼，性欲强，精液品质好，产精能力强。

2.2.4 父母代三系杂交终端母猪选育目标

体型外貌：体型高长，肌肉紧凑，四肢健壮，皮毛全白，有效乳头数 7 对以上、排列均匀，群体均匀一致。

肥育性状：30～115kg 日增重 860g，30～115kg 料重比 2.45；达 115kg 日龄 165d。

胴体性状：胴体瘦肉率 63%。

繁殖性状：母猪初配日龄 220～245d，初配体重 130～150kg，平均产总仔数 12.5 头（初胎 11.5 头），平均产健仔数 10.5 头（初胎 10.0 头），21 日龄窝重 60kg（初胎 56kg）。

2.2.5 五系配套商品猪选育目标

体型外貌：体型高长，骨架大，收腹良好，前后躯发达丰满，皮毛大多为白色、少数带花斑点，群体一致性好。

生长发育：在养户饲养条件下，商品肉猪 30～115kg 日增重 830g，达 115kg 体重时背膘厚 13mm，30～115kg 料重比 2.70。

胴体品质：达 115kg 体重屠宰时，屠宰率为 75%，眼肌面积 40cm^2，瘦肉率 63%，肉色评分 2.8，无 PSE 肉或 DFD 肉。

3 配套系的组成及特征特性

3.1 配套系组成

根据市场调研结果和选育目标，五元配套系主要由父系父本（S11）、父系母本（S22）、母系第一父本（W51）、母系第二父本（W52）和母系母本（W62）五个组件组成，根据各组件自身特性，分别承担配套系的不同功能，制订各专门化品系的选育方案，每个品系集中选育 2～3 个主选性状，最后通过杂交将各品系的性状优势集中到商品猪中，从而实现多性状的合并选育和商品猪高效生产。

3.2 配套系外貌特征及特性

3.2.1 各品系外貌特征及特性

3.2.1.1 S11 系 头颈清秀，颜面平直，嘴大且直，双耳略微向前；体躯长，呈圆柱形，收腹平，肌肉丰满，前后躯发达，腰背平阔；四肢粗壮，肢蹄结实，毛色呈灰白色并带有不规则的深黑色斑点。乳头排列整齐，有效乳头 6 对。

3.2.1.2 S22 系 头大小适中、较清秀，颜面稍凹、嘴筒短直，耳中等大小，向前倾，耳尖稍弯曲；体躯高长，骨架大，胸宽深，背腰平阔，腹线平直，前后躯较发达，肌肉丰满；四肢粗壮有力，肢蹄结实；毛色以棕黑色、棕红色为主。乳头排列整齐，有效乳头 6 对。

3.2.1.3 W52 系 体型呈流线型，体躯高长，骨架大；头颈清秀，鼻嘴狭长，耳较大向前倾或下垂；背腰平直，后躯发达，腿臀丰满，四肢健壮，肢蹄结实，被毛全白。有效乳头数 6 对以上，排列均匀、整齐。

3.2.1.4 W51 系 体型呈流线型，体躯长，骨架大；头颈清秀，鼻嘴狭长，耳较大向前倾或下垂；腹线平直，肌肉紧凑，肢蹄稳健，被毛全白。有效乳头数 6 对以上，排列均匀。

3.2.1.5 W62 系 体躯高长，头中等大、鼻面直或微凹，耳竖立；胸深背宽、背腰平直、前胛宽、背阔、后躯丰满，呈长方形体型；四肢健壮，被毛全白。有效乳头数 7 对以上，排列均匀、整齐。

3.2.2 父母代外貌特征

3.2.2.1 S122 系 体躯高长，头中等大，前后躯肌肉发达，背宽，腹平，四肢粗壮，皮毛浅棕色带黑斑、额部中央有白斑，群体均匀一致。

3.2.2.2 W352 系 体躯高长，头型清秀，前后躯结实、肌肉紧凑，四肢健壮，皮毛全白，有效乳头数 7 对以上且排列均匀，群体均匀一致。

3.2.3 商品代外貌特征

体躯高长，骨架大，头型清秀，背宽，收腹良好，前后躯发达丰满，皮毛大多为白色、少数带花斑点，群体一致性好。

3.3 配套系生产性能

3.3.1 各品系生产性能

3.3.1.1 S11 系 S11 系在 2014 年体长为公猪 118.22cm、母猪 116.29cm，30～115kg 日增重达到公猪 879.51g、母猪 846.56g，背膘厚达到公猪 10.27mm、母猪 10.87mm，料重比达到公猪 2.22、母猪 2.26，眼肌面积达到公猪 45.76cm^2、母猪 47.94cm^2。

3.3.1.2 S22 系 S22 系 2014 年日增重达到公猪 958.33g、母猪 865.96g，背膘厚达到公

猪 12.05mm、母猪 12.51mm，料重比达到公猪 2.17、母猪 2.35，眼肌面积达到公猪 40.02cm^2、母猪 42.09cm^2，主要生长性能指标变异系数呈下降趋势，2014 年控制在 9.5%以内。2014 年达 115kg 终测体长为公猪 120.45cm、母猪 116.75cm。

3.3.1.3 W51 系　2014 年，W51 系总产仔数达到经产 11.98 头、初胎 11.16 头，活仔数达到经产 11.02 头、初胎 10.16 头。

2014 年，30～115kg 日增重达到公猪 899.30g、母猪 860.66g，115kg 背膘厚达到公猪 12.34mm、母猪 12.39mm，达 115kg 时眼肌面积公猪 38.79cm^2、母猪 41.22cm^2。主要生长性能指标的变异系数总体上呈下降趋势，2014 年全部控制在 9%以下，生长性状的遗传一致性在逐年提高。115kg 终测的体长为公猪 121.26cm、母猪 119.14cm，体高为公猪 61.23cm、母猪 61.15cm。

3.3.1.4 W52 系　W52 系 2014 年总产仔数达到初产 12.14 头、经产 12.79 头，产活仔数达到初产 10.79 头、经产 11.02 头，产健仔数达到初产 10.11 头、经产 10.35 头，21 日龄窝重达到初产 65.95kg、经产 67.44kg。

W52 系 2014 年校正 30～115kg 日增重达到公猪 943.71g、母猪 893.65g，校正 115kg 背膘厚达到公猪 13.39mm、母猪 14.22mm，校正 115kg 眼肌面积达到公猪 35.79cm^2、母猪 37.32cm^2。115kg 终测体长为公猪 125.43cm、母猪 123.16cm，体高公猪为 61.54cm、母猪为 60.54cm。

3.3.1.5 W62 系　W62 系总产仔数 2014 年的初产 13.25 头、经产 13.71 头。产活仔数初产 12.11 头、经产 12.45 头。产健仔数初产 11.06 头、经产 11.22 头，21 日龄窝重初产 64.46kg、经产 65.88kg，分别提高了 1.32kg 和 2.15kg。

W62 系校正 30～115kg 日增重公、母猪分别为 946.96g 和 901.95g，分别提高了 17.55g 和 19.56g；校正眼肌面积达到 37.93cm^2、40.00cm^2，分别提高了 2.95cm^2 和 4.21 cm^2。校正背膘厚达到公猪 13.56mm、母猪 14.71mm。

W62 系 2014 年体长测定结果公猪平均为 118.95cm、母猪平均为 117.89cm；体高测定结果公猪为 58.95cm、母猪为 58.45cm。

3.3.2 父母代生产性能

根据农业部种猪质量监督检验测验中心（广州）对温氏新兴分公司、鹤山分公司、怀集分公司的检测结果，检验样品数量 13 707 窝，主要检测总产仔数、产活仔数、断奶窝重、死胎数、畸形胎数、木乃伊胎数。检验测定结果如下：① 检验 1 胎猪共 4 714 窝，平均总产仔数（12.86±2.19）头，产活仔数（11.71±2.13）头，平均初生窝重（14.59±2.79）kg，平均死胎数（0.82±0.09）头，畸形胎数（0.26±0.05）窝，木乃伊胎数（0.32±0.05）头。②检验 1～5 胎猪共 13 707 窝，平均总产仔数（13.10±2.35）头，产活仔数（12.00±2.20）头，平均初生窝重（15.96±2.98）kg，平均死胎数（0.81±0.08）头，畸形胎数（0.25±0.04）窝，木乃伊胎数（0.29±0.04）头。

3.3.3 商品代生产性能

2013 年 2—5 月，农业部种猪质量监督检验测验中心（广州）在温氏集团种猪公司新兴种猪分公司三和试验场对 WS501 肉猪的生长性能进行了检验。在试验环境条件下测定背膘厚、眼肌面积、达 100kg 日龄、30～100kg 日增重、饲料转化率，共测定 100 头样品。检验测定结果如下：平均终测体重（106.5±7.0）kg，校正 100kg 背膘厚（11.0±1.6）mm，校正 100kg 眼肌面积（41.8±3.6）cm^2，达校正 100kg 日龄（147±4）d，平均 30～100kg 日增重（1 004±44）g，测定期平均饲料转化率为 2.12±0.17。

4　选育技术路线及主要选育性状

4.1　选育技术路线

对温氏集团种猪公司拥有的多个专门化品系进行全面的种质资源评价，选择 5 个在性能特点上符合配套系育种方向的专门化品系，作为五元杂交配套系的各个功能组件来进行重点选育。在市场调研的基础上，制订各专门化品系和配套系的育种目标，组建育种基础群，采用 BLUP 遗传评估、分子标辅助选择结合现场选育的方法同时开展多个专门化品系选育，采用冻精、克隆细胞系、DNA 等方式进行种质资源保存。通过配合力测定、对比试验和中间试验进行配套系筛选和组装，最后采用体细胞克隆、低剂量深部输精等技术手段加大配套系的中试推广应用，总体选育技术路线见图 1。

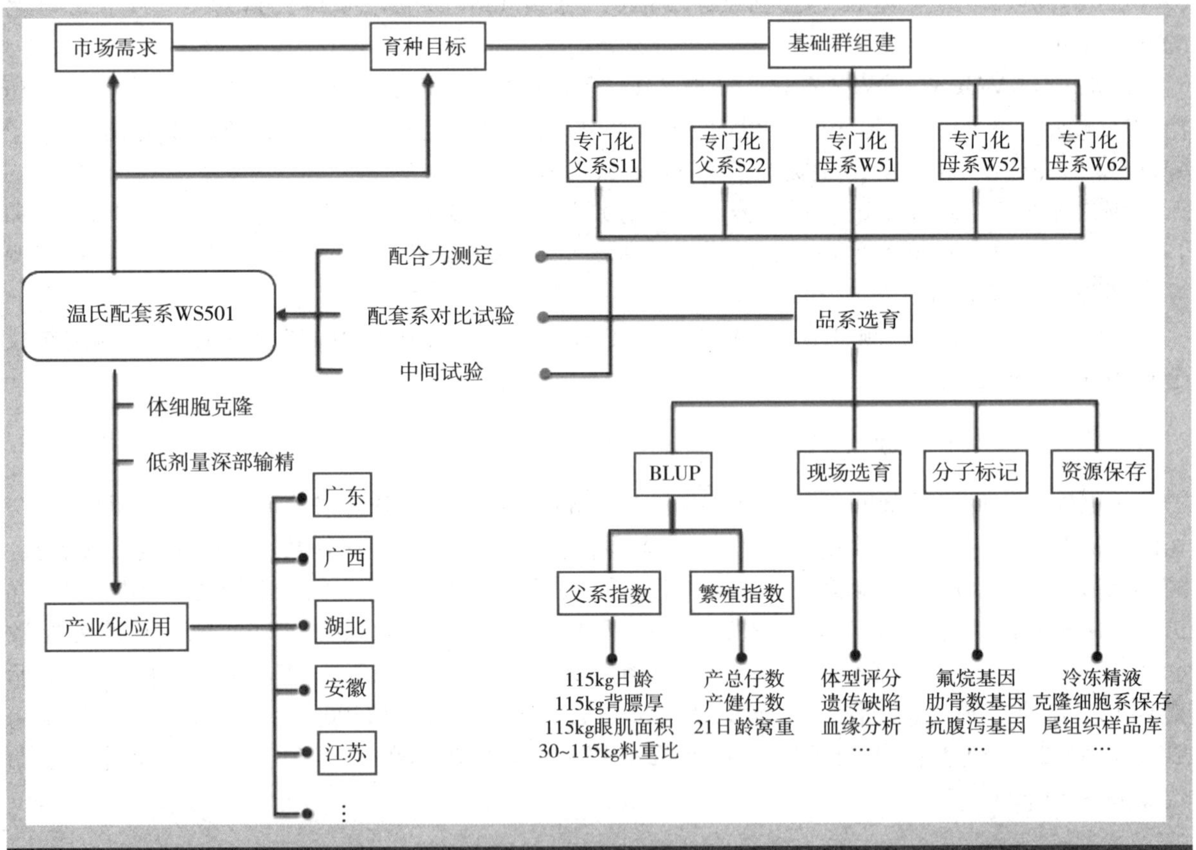

图 1　配套系选育技术路线

4.2　主要选育性状

4.2.1　S11 系

按照专门化父系来选育，以体型好、饲料报酬高、眼肌面积大、背膘薄、生长速度较快为选育方向，以 30～115kg 料重比、达 115kg 时背膘厚、30～115kg 日增重、达 115kg 时眼肌面积作为主选性状，同时注重应激基因和体型的选择。

4.2.2 S22 系

按照专门化父系来选育，以饲料报酬高、体型高长、眼肌面积大、生长速度快为选育方向，以 30～115kg 料重比、30～115kg 日增重、达 115kg 时背膘厚、达 115kg 时眼肌面积作为主选性状，注重体型高长、骨架大的选择。

4.2.3 W51 系

按照专门化母系来选育，以繁殖性能较高、体型好、生长速度较快、眼肌面积大为综合选育方向，以产仔数、达 115kg 时背膘厚、30～115kg 日增重、达 115kg 时眼肌面积为主选性状，且注重高长的体型架构选择。

4.2.4 W52 系

按照专门化母系来选育，以繁殖性能高、眼肌面积大、生长速度快、体型好、背膘薄为综合选育方向，以产仔数、30～115kg 日增重、达 115kg 时背膘厚、达 115kg 时眼肌面积为主选性状，且注重高长的体型架构选择。

4.2.5 W62 系

按照专门化母系来选育，以繁殖性能高、生长速度快、体型高长、背膘薄为选育方向，以产仔数、达 115kg 时背膘厚、30～115kg 日增重、达 115kg 时眼肌面积为主选性状，且注重高长的体型架构选择。

5 中试应用情况与经济效益分析

温氏猪配套系在广东省内总计中试数量为父母代种猪 12.52 万头、WS501 肉猪 289.99 万头。其中，2013 年中试数量为父母代种猪 12.52 万头、WS501 肉猪 138.44 万头；2014 年新增加父母代种猪 3.78 万头，共计 W352 母猪存栏 9.82 万头，中试出栏 WS501 肉猪 151.55 万头。

广东省内的中间试验主要在广东省新兴县、鹤山市、怀集县、揭东县、恩平市等地进行，由广东华农温氏畜牧有限公司、广东温氏食品集团股份有限公司桂粤养猪分公司、开阳养猪分公司、种猪分公司等单位负责实施。根据试验统计，WS501 配套系中的 W352 三系配套母猪繁殖性能具有明显优势，胎均产总仔达 12.50 头，胎均活仔 11.42 头，比二杂母猪多 0.4～0.8 头；有效乳头数平均达 14.48 个，比二杂母猪多 0.3～0.8 个。WS501 配套系肉猪总体生长状况良好，体型与四杂肉猪无明显差异，但料肉重性状表现突出，体型更长。在养户饲养条件下，平均料重比为 2.42∶1；生长速度较快，达 115kg 上市日龄平均为 172d；背膘相对较薄，平均为 13.8mm；肉猪一致性好、适应性较强，上市率达 95%以上。通过 WS501 配套系在广东省的中试推广试验，新增产值 67 亿元，获利 4 亿元。WS501 猪苗性能优势明显，适应性好，综合效益高，深受养户欢迎，近两年广东省养户收益 4.7 亿元。

6 育种成果的先进性及作用意义

专门化品系特色明显。专门化父系 S22 体型高长，料重比低，生长速度快，适合大体重上市，无氟烷应激敏感基因。特色专门化母系 W51 兼顾繁殖性能、体长、肌肉和收腹等体型特征选择，肋骨数优势明显，背宽，载肉量大。专门化母系 W62 产仔数高为主要特征，平均有效乳头数 7.5 对以上，体躯长而宽，其他生长和胴体性状优良。

W352 终端母猪具有显著的高产优势。通过中心测定和场内测定，W352 的高繁殖性能表现稳定。多次测定结果表明，有效乳头数平均为 14.43～14.62 个；头胎窝均产仔数 12.31～12.86 头，头胎窝均产活仔数 10.97～11.71 头；经产窝均产仔数 12.53～13.10 头，头胎窝均产活仔数 11.47～12.00 头。大群体统计 W352 平均产仔数 12.82 头，产活仔数 11.71 头。

WS501 肉猪生产性能优秀，适宜上市体重大，在大生产条件下符合市场需求，经济效益显著。根据大群跟踪统计，相比三系和四系配套，WS501 的上市率最高，残次率最低，料重比最优，饲养天数最短，表现出良好的适应性和很高的生产效率。按 WS501 在实际生产条件下料重比比 WS401、WS301 分别低 0.05 和 0.07 计，每头猪可多盈利 15.3 元和 21.4 元；按 WS501 达 115kg 日龄比 WS401、WS301 分别快 5d 和 8d 计，分别可减少维持基础代谢需要的饲料支出 11.7 元和 14.6 元，还可减少折旧摊销和管理费用。WS501 肉猪在 115kg 体重上市时，仍可保持较高的饲料转化率、较快的生长速度，更加适合大体重上市。

三系母猪制种成本低，符合大型种猪育种企业对多元化市场的需求。三系配套父母代种猪在制种时采用的是二元杂交母猪作为母本，成本大约为 1 800 元/头，而二系配套所采用的纯种母猪的成本大约是 5 000 元。按一头二元杂交母猪一生生产 6 胎、每胎产健母仔 5.5 头、全程成活率 90%、种猪选留率 70%计，则一生可生产种母猪 20.8 头。将引种成本分摊到后代可生产的每头种猪身上，则三系配套制种成本中引种成本分摊为 86 元，二系配套制种成本中引种成本分摊为 240 元，三系配套制种成本比二系配套要少 154 元/头。

7 推广应用的范围、条件和前景

7.1 推广应用的范围和条件

温氏 WS501 配套系种猪符合国内主流肉猪市场对高产和大体重上市的需求，且会按照当前和今后相当长时间内的市场需求来开展育种工作。配套系中采用 W352 母猪生产成本更低，产活仔数更高，后代商品猪经济效益显著，配套系所具备的竞争优势明显，可为养猪企业带来丰厚的利润。

温氏集团于 2011 年 2 月开始在部分三级养猪公司开展 WS501 配套系的生产和推广，由华农温氏、桂粤、开阳等公司开始配套系的中试推广，并在福建、江苏、湖南、湖北、安徽等公司先后开展配套系的适应性观察试验。经验证，配套系肉猪上市体重大、饲料利用率高、生长速度快、瘦肉率高、一致性好，在均匀度、肌肉丰满程度、体型高大方面有较明显的优势，尤其是体重达到 115kg 以上后，其肉猪还是显得修长、收腹良好、肌肉结实。因此，该配套肉猪既适合 155kg 左右的活猪市场，也适合 115kg 以上的大体重活猪市场。

目前，温氏配套系纯种猪分布于公司内两个原种猪场及两个分场，以及其他二级公司种猪繁殖场，共存栏纯种母猪 12 280 头，年产配套系父母代种猪 18 万头，分布于广东、广西、湖北、福建、江苏、安徽等省份，可年产配套系肉猪 150 万头以上，符合向全国范围推广应用的生产条件。

7.2 推广应用前景

我国是世界第一猪肉生产和消费大国，无论是种猪还是商品猪，我国都拥有世界上最大的市场。2014 年，我国生猪出栏 7.35 亿头，约占全球的 53%。预计到 2025 年全国年出栏 500 头以上的规模养殖比重将从目前的 40.8%提高到 80%以上，这意味着规模化养猪在未来的 10 年内有 2.88 亿头商品猪的增长空间，规模化养猪企业仍然面临快速发展的大好机会。目前，我国能繁母猪约 5 000 万头，按 40%的年更新率，每年需要更新种猪 2 000 万头，而且随着规模化养殖的发展，种猪的商品率将逐步提高，种猪市场空间巨大。

按照《温氏集团四五规划（2015—2019）》，集团的养猪业要保持 20%以上的年增长率，至 2020 年商品猪上市量要达到 3 000 万元。与此同时，集团的种猪育种规模要达到能配套 6 000 万头商品猪，即内部配套 3 000 万头，向社会供种配套 3 000 万头。届时将达到存栏 300 万头温氏父母代种猪的生产规模，除 220 万头的增量外，按年更新率 40%计，每年还要补充 120 万头父母代种猪。因此，温氏 WS501 配套系种猪有广阔的推广前景。

豫粉1号蛋鸡配套系

证书编号： 农09新品种证字第62号

培育单位： 河南农业大学

河南三高农牧股份有限公司

河南省畜牧总站

祖代D公鸡

祖代D母鸡

祖代H公鸡

祖代H母鸡

祖代 N 公鸡

祖代 N 母鸡

豫粉 1 号父母代母鸡

豫粉 1 号商品代

1 配套系培育单位概况

1.1 河南农业大学

河南农业大学是一所百年老校，源自1902年创办的河南大学堂，1952年全国院系调整时重新独立建制，更名为河南农学院，1984年12月更名为河南农业大学。2009年9月成为农业部与地方省政府共建的第一所省属农业高校；2012年11月成为国家林业局与省政府共建高校。2013年5月学校牵头的河南粮食作物协同创新中心入选国家首批“2011计划”。

依托河南农业大学组建的河南省家禽种质资源创新工程研究中心、河南省家禽育种工程技术研究中心和河南省家禽种业产业技术创新战略联盟分别为河南省发改委和河南省科技厅批准的省级科研平台。中心团队为教育部长江学者发展计划创新团队、农业部杰出人才创新团队，现有骨干成员10名，均具有博士研究生学位；其中，中原学者、省特聘教授各1人，国家“863”计划主题专家1人，3名成员具有海外学习工作经历。专业背景有遗传育种、动物营养、畜牧工程、基础兽医和预防兽医等，学科完整，交叉互补性强。2000年以来，已完成国家“863”计划、国家自然科学基金、农业科技跨越计划、河南省重大科技攻关等国家和省部级科研17项；现承担国家蛋鸡产业技术体系遗传育种岗位专项、国家自然科学基金等国家和省部级科研项目13项；围绕家禽种质资源发掘创新和开发利用，申请国家发明专利25项、获授权16项，占国内本领域的57%（2013年）；新发现国家畜禽遗传资源1个，育成特色新品系10个，创建制种模式16套，获国家审定的畜禽新品种（配套系）2个，正在进行国家畜禽新品种（配套系）审定的2个，主持完成的项目获国家技术发明二等奖1项、国家级教学成果二等奖1项、河南省科技进步奖二等奖2项；发表科技论文200余篇，其中SCI文章27篇，出版著作15部；培养研究生67人。中心的家禽种质资源场保存鸡种质资源27个，与国内11家国家级或省级龙头企业密切合作，育出了一批新品种、新品系，为维护国家家禽种业战略安全，服务“三农”和行业产业发展做出了贡献。

在豫粉1号蛋鸡配套系选育中，负责育种素材的收集与创制、育种方案制订与实施、现场选育等工作。

1.2 河南三高农牧股份有限公司

河南三高农牧股份有限公司成立于1996年，为首批151家“农业产业化国家重点龙头企业”“全国绿色食品示范企业”“河南省首发上市重点后备骨干企业”、国家“863”计划项目承担单位。目前，公司主要从事地方优良品种——固始鸡和淮南猪的选育与产业化开发。公司下辖河南省固始鸡工程技术研究中心、固始鸡原种场、淮南猪原种场等科研单位与经营实体。

公司现有员工520人，其中高级技术职称6人，博士研究生1人，硕士研究生7人。拥有省级科研平台（河南省固始鸡繁育工程技术研究中心）1个，为国家蛋鸡产业技术体系信阳综合试验站的依托单位、国家畜禽良种产业技术创新战略联盟成员和河南省家禽种业产业技术创新战略联盟主要发起单位。公司与河南农业大学签订了20年的产学研合作协议，曾获国家技术发明奖二等奖 1 项。同时，在种质资源保护、分子育种、食品加工和人才培养等方面与中国农业科学院家禽研究所、华南农业大学、南京农业大学和信阳农林学院等高校院所单位长期合作，获得了强有力的技术支撑。公司在畜禽育种技术方面积累了丰富经验，先后培育出“三高青脚黄鸡 3 号”和“豫南黑猪”2 个国家畜禽新品种（配套系）；现有的 5 个蛋用品系中，3 个品系的培育方法均获得国家授权发明专利保护。

公司拥有固始鸡原种、育种、祖代、父母代和商品代较完善的良种繁育体系，目前年存栏种鸡 50 万套，拥有产能 1 亿只的现代化孵化厂，2013 年新规划建设的 100 万只标准化养殖示范基地，1 期工程 20 万套种鸡已经投入生产。

育种场位于大别山脚下，天然隔离良好，场区布局合理，现有个体育种笼位 1.8 万个；三层阶梯笼养，安装有自动料线、水线、纵向通风、湿帘降温、传送带清粪系统，各种硬件和软件条件满足种鸡性能测定和选育的要求；配套符合要求的育雏和育成设施设备；鸡舍具有良好的温度、湿度、通风等环境控制系统。

2008 年公司通过了 ISO9001 国际质量管理体系认证，“固始鸡”“固始鸡蛋”均获得国家“绿色食品”认证、“地理标志保护产品”认证、“原产地标记”认证；荣获“河南省品牌农产品”等称号。

在豫粉 1 号蛋鸡配套系选育中，负责现场选育、育种经费支撑及中试推广等工作。

1.3 河南省畜牧总站

河南省畜牧总站是在原河南省畜禽改良站的基础上组建而成。站内共设综合科、畜牧科、技术科、种猪测定中心、畜禽调剂服务科 5 个科室，主要承担河南省畜禽遗传资源的调查、保护、繁育推广以及新品种培育工作，并参与制定畜牧业生产技术规范、规程和标准，开展技术培训和咨询，为生产者提供技术信息。总站共有 27 人，其中推广研究员 5 人、高级畜牧师 4 人。近年来，新发现畜禽遗传资源 6 个，主持或参与培育出夏南牛、豫南黑猪和三高青脚黄鸡 3 号畜禽新品种 3 个，使河南省畜禽品种资源达到 30 个，其中 7 个品种列入国家级畜禽遗传资源保护名录，21 个品种列入第一批省级畜禽遗传资源保护名录；确立了南阳黄牛良种场、郏县红牛原种场等 15 个地方品种保种场，划定确山黑猪、槐山羊等 23 个社会保护区，其中国家级资源保种场 5 个；参与起草地方标准 5 个；获国家科技进步奖二等奖 1 项，河南省科技进步奖一等奖 2 项、二等奖 2 项、三等奖 2 项，全国农牧渔业丰收奖二等奖 1 项。

在豫粉 1 号蛋鸡配套系选育中，负责配套系中试推广及相关协调工作。

2 培育背景与培育目标

2.1 培育背景

2.1.1 国外引进品种严重威胁我国蛋鸡种业战略安全

我国为蛋鸡生产大国，鸡蛋产量已连续 27 年位居世界第一；人均鸡蛋消费量超过 17kg，达到发达国家水平；蛋鸡业年产值已超过 2 000 亿元。但长期以来我国蛋鸡品种主要依赖进口，其生产量占我国鸡蛋总量的 70%以上，且国外蛋鸡种业垄断程度越来越高。目前市场占有率高的蛋鸡品种主要集中在少数几个跨国集团，如来自德国E-W集团的海兰、罗曼和尼克等鸡种；来自荷兰汉德克集团的伊莎、海赛克斯和迪卡等鸡种，严重威胁我国蛋鸡种业战略安全。

2.1.2 自主培育品种市场占有率将稳步提升

国内蛋鸡育种研究起步于20世纪70年代末，到90年代初达到鼎盛时期，其间育成了“北京白鸡”系列品种、“滨白”和“豫州褐913”等多个优秀配套系，并曾一度占据国内70%以上的市场份额。此后，由于经费持续投入不足及育种主体的体制问题等诸多原因，大规模的蛋鸡育种工作基本停止，逐渐拉大了与国外的差距。

进入21世纪后，蛋鸡育种工作重新受到重视，育出了一批蛋鸡配套系，如“新杨褐壳蛋鸡”“新杨绿壳蛋鸡”“农大3号蛋鸡”“京红1号”“京粉1号”“京粉2号”等。这些配套系对维系我国蛋鸡种业战略安全发挥了重要作用，随着我国蛋鸡遗传改良计划的全面推进和实施，自主培育品种（配套系）的市场占有率必将逐年提升。

2.1.3 土种蛋鸡育种将成为蛋鸡种业新亮点

我国是一个注重美食文化的国家，对食品风味和外观都有较高要求。目前，我国鸡蛋市场总量已接近饱和，继续以数量增长方式增加国内消费的潜力已经有限，蛋鸡业必将向质量型增长模式转变。近年来，一些土鸡蛋、特色鸡蛋产销两旺，市场前景广阔。

土鸡蛋（俗称柴鸡蛋、草鸡蛋）具有蛋白细腻、蛋黄大、蛋味浓郁、胆固醇含量低等优良特性，多为地方品种直接生产或由地方品种与高产蛋鸡杂交生产。当前，我国土种蛋鸡产业与20年前优质肉鸡产业刚兴起时的局面非常相似：一方面产品供不应求，另一方面缺乏土种蛋鸡专门化品种或配套系。截至目前，我国通过国家审定的土种蛋鸡新品种（配套系）仅有“新杨绿壳蛋鸡”和“苏禽绿壳蛋鸡”2个，远不能满足市场需求，迫切需要培育蛋品口感、风味、外观等特征特性符合传统消费需求、生产性能优良的土种蛋鸡新品种（配套系）。

2.2 培育目标

经过市场需求调查，结合育种素材特征特性，制定了土种蛋鸡配套系育种目标。具体如下：

（1）采用三系配套模式，父母代雏鸡羽速自别雌雄，商品代雏鸡羽色自别雌雄；商品代成年母鸡为矮小型，体型外貌、蛋重、蛋形等均符合地方鸡特征，适合笼养与放养方式。

（2）配套系72周龄饲养日产蛋数不低于235个，平均蛋重51～53g，淘汰鸡体重在1 200～1 300g，遗传性能稳定。

3 配套系的组成及特征特性

3.1 配套系组成

豫粉1号蛋鸡配套系为三系配套：D系为终端父本，H系为第一父本，N系为祖代母本。配套系的组成与模式具体见图1。

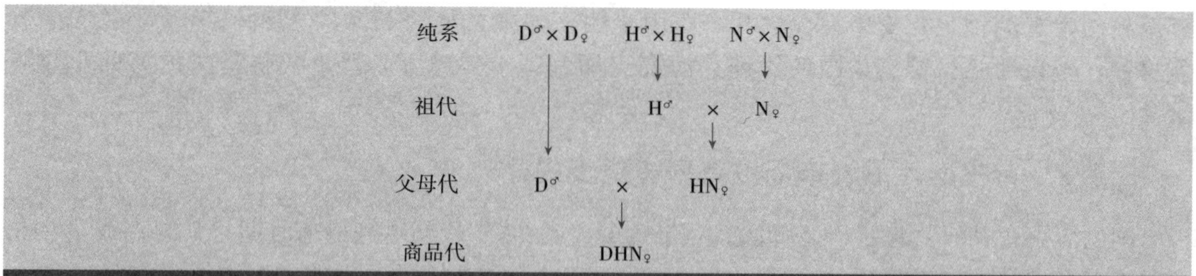

图 1　豫粉 1 号蛋鸡配套模式

3.2　配套系外貌特征及特性

3.2.1　各品系外貌特征及特性

3.2.1.1　D 系　矮小型、青胫、黄麻羽、单冠、白皮肤、粉白壳蛋。

3.2.1.2　H 系　快羽、正常型、黄胫、浅芦花羽、单冠、黄白皮肤、褐壳蛋。

3.2.1.3　N 系　慢羽、正常型、黄胫、浅芦花羽、单冠、黄白皮肤、褐壳蛋。

3.2.2　父母代外貌特征

3.2.2.1　D 系　矮小型、青胫、黄麻羽、单冠、白皮肤、粉白壳蛋。

3.2.2.2　HN 系　雏鸡羽速自别雌雄，母鸡快羽、正常型、黄胫、浅芦花羽、单冠、黄白皮肤、褐壳蛋。

3.2.3　商品代外貌特征

商品代羽色自别雌雄，母雏为黄麻羽、公雏为灰白羽带黑斑；成年母鸡矮小型、青胫（少量黄白胫）、黄麻羽、单冠、白皮肤、产粉壳蛋；公鸡正常型，浅芦花羽，有较好育肥性能，可作优质肉鸡上市。

3.3　配套系生产性能

3.3.1　各品系生产性能

3.3.1.1　**繁殖性能**　各品系繁殖性能数据见表 1。

表 1　豫粉 1 号蛋鸡各品系繁殖性能

项　目	D 系	H 系	N 系
开产周龄	22～23	21～22	21～22
饲养 72 周产蛋数（个）	212	258	251
平均受精率（%）	93～95	92～94	92～94
入孵蛋孵化率（%）	85～87	84～86	84～86
产蛋重（20～72 周龄）(kg)	10.6	14.4	14.2

（续）

项　目	D系	H系	N系
产蛋期饲料转化率	2.70：1	2.69：1	2.71：1
18周龄体重（g）	900～960	1 320～1 390	1 330～1 400
43周龄体重（g）	1 200～1 260	1 800～1 880	1 810～1 900
72周龄体重（g）	1 220～1 300	1 900～2 020	1 950～2 050
育雏育成成活率（%）	94～96	94～96	94～96
产蛋成活率（%）	92～94	92～94	92～94

3.3.1.2　**生长性能**　具体生长性能数据见表2。

表2　豫粉1号蛋鸡各品系的6、18、43和72周龄体重

周龄	D系（g）		H系（g）		N系（g）	
	公鸡	母鸡	公鸡	母鸡	公鸡	母鸡
6	330～380	290～340	370～440	320～380	390～460	340～400
18	1 100～1 200	900～960	1 550～1 650	1 320～1 390	1 590～1 690	1 330～1 400
43	1 500～1 600	1 200～1 260	2 300～2 400	1 800～1 880	2 300～2 400	1 810～1 900
72	1 600～1 700	1 220～1 300	2 400～2 500	1 900～2 020	2 450～2 550	1 950～2 050

3.3.2　父母代生产性能

父母代HN系种鸡生产性能见表3。

表3　父母代HN系种鸡生产性能

项　目	性能指标
0～18周龄存活率（%）	94～96
18周龄平均体重（g）	1 300～1 400
达50%产蛋日龄	147～154
高峰产蛋率（%）	85～89
66周龄入舍鸡产蛋数（HH）（个）	220～225
66周龄入舍鸡合格种蛋数（HH）（个）	210～215
入孵蛋孵化率（%）	82～85

注：数据来源于培育单位生产性能测定与中试推广反馈结果。

3.3.3　商品代生产性能

商品代生产性能见表4，蛋品质测定见表5。

表 4　商品代鸡生产性能

项　目	性能指标	
	农业部家禽品质监督检验测试中心（北京）测定结果	培育单位测定和中试反馈结果
生长期（至 18 周龄）		
0～18 周龄存活率（%）	94.5	94～96
初生重（g）	32.6±2.7	30～35
6 周龄平均体重（g）	328.1±28.6	300～350
18 周龄平均体重（g）	943.1±87.2	920～980
产蛋期（至 72 周龄）		
19～72 周龄存活率（%）	93.3	93～95
达 50%产蛋率日龄	152	147～154
高峰产蛋率（%）	—	84～86
产蛋数（HD）（个）	237	230～245
产蛋数（HH）（个）	229	220～235
产蛋总重（HH）（kg）	11.7	11～12
平均蛋重（g）	51.03	50～52
全期鸡蛋破损率（%）	0.86	0.8～1.0
19～72 周龄料蛋比	2.49：1	（2.50～2.55）：1
开产体重（g）	1 157.1±102.7	1 100～1 200
72 周龄末体重（g）	1 248.0±114.3	1 200～1 300

表 5　蛋品质测定结果

检测项目	单　位	农业部家禽品质监督检验测试中心（北京）测定结果	培育单位测定结果
蛋形指数	—	1.29±0.03	1.30±0.05
蛋壳颜色	—	粉色	粉色
蛋壳厚度	mm	0.35±0.03	0.35±0.03
蛋壳强度	kg/cm^2	3.66±0.61	3.68±0.35
蛋重	g	51.6±3.0	51.7±3.2
蛋黄色泽	级	8	8.5
蛋黄比例	%	—	28.13±2.02
哈氏单位	—	79.82±3.24	80.28±3.41
血肉斑率	%	0.90	0.93

注：数据来源于 43 周龄测定结果。

4 选育技术路线及主要选育性状

4.1 选育技术路线

豫粉1号蛋鸡配套系具体选育技术路线见图2。

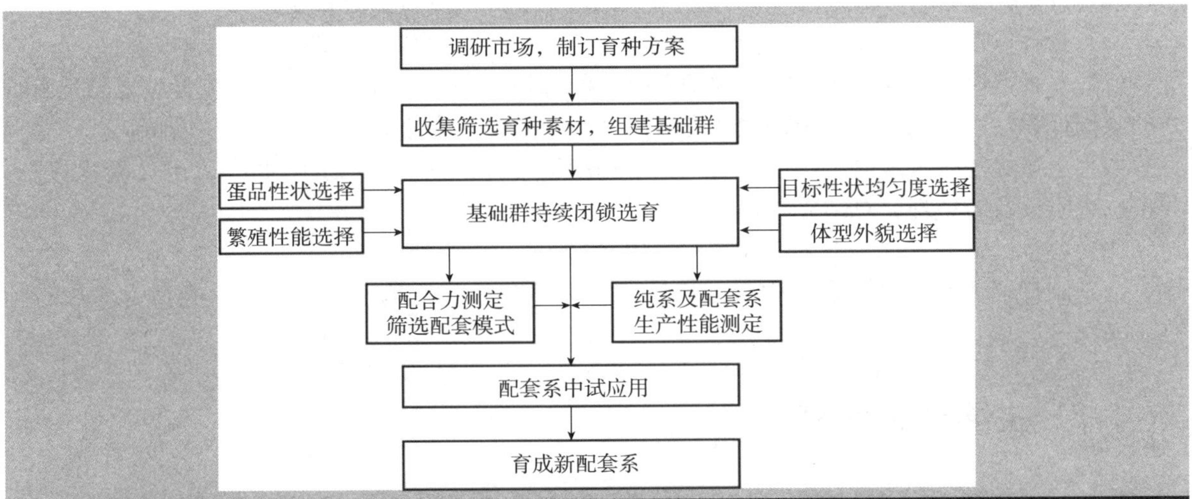

图2 豫粉1号蛋鸡配套系选育技术路线

4.1.1 选种程序

初生雏选择：选留羽速性状及外貌特征符合品系要求的健雏。每世代孵化2批，每个家系的每只母鸡后代至少留3只健公雏和5只健母雏，并按系谱佩戴翅号。

6周龄选择：留体格健壮、被毛紧凑、冠髯大而鲜红，尤其是公鸡。剔除羽色、胫色、肤色等不符合品系要求以及有体格缺陷、发育不良的个体。淘汰禽白血病阳性个体。

10周龄净化鸡白痢、沙门氏菌病：淘汰鸡白痢、沙门氏菌阳性个体。

18周龄体重整齐度选择：全群称重，淘汰体重过大、过小的个体，在此基础上选留健康、被毛紧凑、骨骼坚实、冠髯大而鲜红，羽色、肤色、胫色符合品系要求的个体。公鸡要求性反射良好。

20周龄净化禽白血病和鸡白痢沙门氏菌病：淘汰禽白血病和鸡白痢沙门氏菌阳性个体。

23周龄（性成熟）公鸡选择：选留精液量多、颜色呈乳白色，精子密度大、活力高的公鸡。

43周龄选择：选留外表健康，鸡白痢、禽白血病检测为阴性的公母鸡。母鸡根据43周龄个体产蛋数计算家系平均产蛋数和全群平均产蛋数等指标，选留家系平均产蛋数高于全群平均产蛋数的家系中的优秀个体。公鸡在家系均值排名前10的家系中，选留最优秀姊妹的同胞公鸡60～65只，参加下一世代选配。

4.1.2 性状选择方法

羽色、胫色、肤色、快慢羽、体重、蛋重、蛋壳颜色、蛋形和停产时间等性状均采用个体选择；产蛋数、均匀度等采用家系选择结合家系内个体选择。

4.1.3 选配方法

各世代每个品系组建 55～65 个家系，公母鸡按 1∶9 配比。采用避免全同胞的随机选配方式，组建下一世代家系群。

4.1.4 育种措施

（1）由现场育种、饲养、疾病净化、中试应用人员组成育种团队，参加选育的技术工人均经过系统的育种技能培训。

（2）各世代选育目标、选择标准和方法根据育种实际进展做适当修正。

（3）选择以性能测定为基础，个体性能和系谱繁殖记录要翔实、准确无误。

（4）育种群所有个体自出雏之日起即有唯一的标识，鸡舍内每个公鸡笼位和母鸡笼位都有唯一的号码标识，两个笼位的滚蛋槽之间有效隔开。纯繁时每个家系更换集精杯和输精管。

（5）生产性能按《家禽生产性能名词术语和度量统计方法》（NY/T 823—2004）要求进行，并按选育阶段及时整理、总结并归档。

（6）各世代饲养管理、工艺流程基本一致。

（7）制订了育种群鸡白痢、禽白血病等垂直传播疾病的检测、净化方案，并按方案执行检测、净化。

4.2 主要选育性状

4.2.1 主要选育性状

D 系是配套系的终端父本，主要对体型外貌、性成熟、体重和受精率等进行选育。

H 系是配套系的祖代父本，主要对产蛋性能、体重、体型外貌和蛋壳颜色等进行选育。

N 系是配套系的祖代母本，主要对产蛋性能、蛋壳颜色、体重、体型外貌和性成熟等进行选育。

4.2.2 测定性状

（1）体型外貌：羽色、胫色、20 周龄胫长和胫围。

（2）生长性能：初生重、6 周龄、18 周龄、开产和 72 周龄体重。

（3）生活力：0～18 周龄存活率，19～72 周龄产蛋期存活率。

（4）繁殖性能：开产日龄、43 周龄产蛋数、43 周龄蛋重、72 周龄产蛋数、受精率和孵化率等。

（5）43 周龄蛋品质：蛋壳颜色、蛋重、蛋形指数、血肉斑率、哈氏单位、蛋黄比例等。

5 中试应用情况与经济效益分析

自 2012 年以来在河南信阳、济源、郑州、周口、许昌、漯河、商丘、安徽合肥、湖南、江苏、湖北等地进行了中试推广。至今，累计推广“豫粉 1 号蛋鸡”配套系父母代 88.75 万套、商品代 641.6 万只（表 6）。企业新增产值 8 530 万元，新增纯利润 3 698 万元。

表 6　父母代种鸡和商品代蛋鸡中试情况

年度	地　区	父母代（万套）	地　区	商品代（万只）
	济源、洛阳	0.70	郑州、许昌	3.50
2012	漯河、商丘	1.50	商丘、济源	7.70
	郑州		信阳、周口	7.10
	济源、洛阳	3.56	郑州、信阳	20.20
2013	漯河、商丘	4.10	商丘、周口	18.20
	许昌、郑州	3.20	漯河、济源	16.40
	济源、洛阳	4.44	信阳、许昌	37.60
2014	漯河、周口	3.60	漯河、周口	35.90
	信阳	6.20	商丘、郑州	41.50
	安徽合肥	10.46	信阳、合肥	57.60
2015	湖南	6.63	咸宁、周口	85.60
	信阳	8.50	徐州、郑州	67.70
	湖北	10.44	信阳、许昌	77.80
2016	商丘、周口	11.82	咸宁、周口	75.50
	信阳	13.60	商丘、郑州	89.30
合计		88.75		641.6

6　育种成果的先进性及作用意义

6.1　技术创新

D、H 和 N 系培育方法及制种技术获得国家发明专利授权 2 项，分别为：“一种黄麻羽白壳蛋鸡的培育方法（ZL200610017909.3）”和“一种横斑浅芦花鸡新品系的培育方法（ZL200510017863.0）”，表明本项目具有较突出的创新性、独特性和唯一性。

6.2　素材创新

创新出了 3 个育种新素材：其中 1 个为含高产蛋鸡血缘，携带黄麻羽、青胫、矮小基因的粉白壳蛋鸡，另外 2 个分别含高产蛋鸡血缘、携带浅芦花羽伴性基因的快羽和慢羽褐壳蛋鸡。这 3 个素材是本项目组 2008 年获得的国家发明二等奖（中国地方鸡种质资源优异性状发掘创新与利用）的主要技术创新内容之一。

6.3 产品创新

利用羽速、羽色伴性遗传原理，在国内黄羽优质鸡领域首次培育出了雏鸡双自别雌雄配套系，即父母代羽速自别、商品代羽色自别，降低了生产中人工翻肛鉴别成本及对雏鸡造成的应激。也解决了高产粉壳蛋鸡外貌特征达不到地方土鸡要求的技术难题。

利用 dw 基因的伴性遗传及降低体重和蛋重的效应，后代母鸡为矮小型，可有效地降低饲料消耗，实现了节粮，并解决了目前粉壳蛋鸡配套生产中蛋重过大的问题。

以粉白壳蛋鸡作父本、褐壳蛋鸡做母本，解决了蛋壳色泽不均匀，光亮度差，达不到土鸡蛋标准要求等技术难题。

配套系用途广，淘汰母鸡的黄麻羽外貌符合地方鸡特征，价值高。除作土鸡蛋生产利用外，还可在黄羽肉鸡苗鸡行情好时，充分利用其高产蛋性能，替代目前黄羽肉鸡生产中普遍采用的低产蛋性能母本，分别与中速、慢速型肉用种公鸡配套，以生产中、慢速优质肉鸡，实现多用途生产，从而有效降低企业制种成本，增强企业抵御市场风险的能力，实现优质鸡种业升级换代。

7 推广应用的范围、条件和前景

豫粉 1 号蛋鸡配套系适合我国大部分地区（青藏高原除外）的集约化条件和放牧条件下的饲养。在推广过程中客户普遍反映配套系父母代性情温驯，繁殖力强，死淘率低；商品代生活力高，节省饲养空间和饲料消耗，蛋品质好，体型外貌符合土鸡市场的要求。无论是父母代种鸡还是商品代蛋鸡在同类产品中，综合性能均居国内领先水平，市场潜力大、竞争力强，应用前景广阔。

温氏青脚麻鸡2号配套系

证书编号：农09新品种证字第63号
培育单位：广东温氏食品集团股份有限公司

温氏青脚麻2号父母代公鸡

温氏青脚麻2号父母代母鸡

温氏青脚麻鸡 2 号商品代公鸡

温氏青脚麻鸡 2 号商品代母鸡

1 培育单位概况

广东温氏食品集团股份有限公司（简称“温氏股份”），创立于1983年，现已发展成一家以畜禽养殖为主业、配套相关业务的跨地区现代农牧企业集团。2015年11月2日，温氏股份在深交所挂牌上市（股票代码：300498）。

截至2016年12月31日，温氏股份已在全国20多个省（自治区、直辖市）拥有239家控股公司、5.86万户合作家庭农场、4.9万多名员工。2016年度实现上市肉猪1 713万头、肉鸡8.19亿只、肉鸭2626万只，总销售收入594亿元。

温氏股份现为农业产业化国家重点龙头企业、国家级创新型企业，组建有国家生猪种业工程技术研究中心、国家企业技术中心、博士后科研工作站、农业部重点实验室等重要科研平台，拥有一支由10多名行业专家、66名博士为研发带头人，466名硕士为研发骨干的高素质科技人才队伍。

温氏股份掌握了畜禽育种、饲料营养、疫病防治等方面的关键核心技术，拥有多项国内领先、世界先进的育种技术，现有国家畜禽新品种9个、获得省部级以上科技奖励43项，温氏股份及下属控股公司共获得专利238项（其中发明专利91项）。“温氏商标”被认定为中国驰名商标。

温氏股份十分重视优质鸡的育种工作，于1994年成立了广东温氏南方家禽育种有限公司，专门从事优质肉鸡的育种。经过二十余年的努力，公司建立了完善的优质肉鸡育种及良种繁育推广体系。现有原种鸡场4个，祖代鸡场6个，父母代场83个，1个种鸡性能测定场和1个肉鸡性能测定场。温氏股份始终坚持以精诚合作，齐创美满生活为企业文化的核心理念，与股东、员工及各方合作伙伴一道精诚合作，为推进中国农业产业化做出应有的贡献。

2 培育背景与培育目标

2.1 培育背景

我国幅员辽阔，长期的生产实践形成了不同体型外貌的地方品种，地方品种的多样性，决定了目前我国优质鸡产品的多样性。千百年来，在我国的西南地区、华东地区以及北方部分地区形成了很多地方品种鸡，其中大多数是青脚鸡，如四川峨眉黑鸡和旧院黑鸡、云南茶花鸡、安徽淮南黄鸡、淮北麻鸡、江西崇仁麻鸡、湖北江汉鸡、河南固始鸡、山东寿光鸡等。长期以来，当地人们也喜食地方土鸡，将青脚视为地方土鸡的主要标志之一，因此青脚鸡在上述地区具有非常广阔的市场前景。

青脚麻羽肉鸡是我国优质肉鸡生产的重要品种类型之一，特别受到西南地区和华东地区人民的喜爱。因此，针对青脚麻鸡的市场需求，广东温氏食品集团股份有限公司着手进行了青脚麻鸡品种的研究开发工作。

青脚鸡从羽色来说，不同地区的人们需求有一定的差别，江浙地区喜欢麻羽的母鸡，云贵地区喜欢黄麻羽的青脚鸡，而川渝地区喜欢红羽的青脚公鸡。温氏青脚麻鸡 2 号配套系的选育，是广东温氏食品集团股份有限公司针对川渝地区市场选育的中快速青脚麻鸡品种，于 2004 年开始，在温氏集团属下的广东温氏南方家禽育种有限公司全面开展，到 2014 年，经过 10 年的努力，取得了显著的成效，培育出一个三系配套的青脚麻鸡品种，在川渝市场有相当的竞争优势，该品种也适合山东、安徽地区饲养。

2.2 培育目标

培育一个适合川渝地区，并兼顾山东、安徽地区消费需求的优质肉鸡品种。育种目标为：①商品公鸡 70 日龄出栏，体重达 2.5kg，体重均匀度达 70%以上，母鸡 70 日龄出栏，体重达 2.0kg 以上；②早熟，公鸡鸡冠发育良好，平均冠高达 2cm 以上；③公鸡羽色为红羽，羽毛光亮，尾羽纯黑发绿光，母鸡羽色为黄麻羽，毛片短密，羽毛紧凑光亮；④体型较为瘦长，尾长；⑤脚较细，出栏时公鸡胫围不超过 5.5cm，母鸡胫围不超过 4.3cm；⑥着肉性能良好，商品公鸡的胸肌率大于 16.5%，腿肌率大于 25.4%，商品母鸡胸肌率大于 16.2%，腿肌率大于 25.1%；⑦商品代肉鸡青脚率达 100%；⑧父母代种鸡具有较好的繁殖性能，66 周龄只入舍母鸡提供合格种蛋数 180 个，提供健雏数 140 只以上；⑨对白血病和白痢进行净化，白血病阳性率控制在 5%以下，白痢阳性率控制在 1%以下。

3 配套系的组成及特征特性

3.1 配套系组成

温氏青脚麻鸡 2 号由三系配套组成，父本父系为 N813、母本父系为 N805、母本母系为 N701，其配套组成结构见图 1：

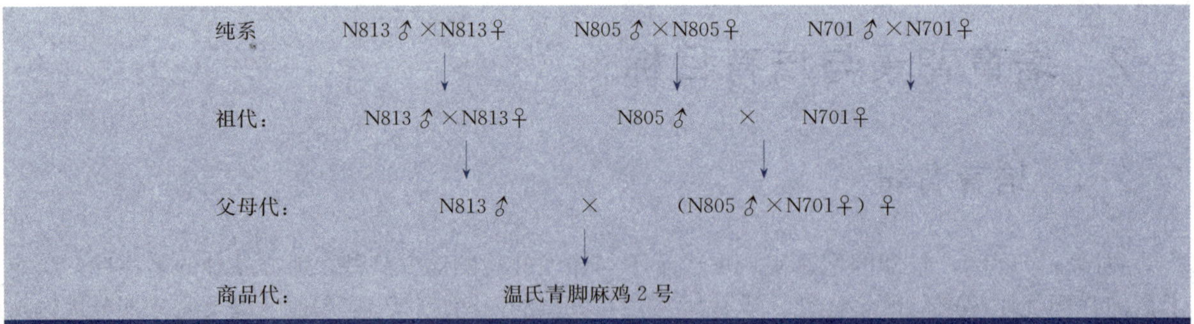

图 1 温氏青脚麻鸡 2 号配套模式

3.2 配套系外貌特征及特性

3.2.1 各品系外貌特征及特性

3.2.1.1 **N813 品系** 体型大，体质结实，胸部丰满，背部平直，外形近似船形。喙黑色或栗色。单冠，公鸡冠大直立，母鸡冠小，鸡冠颜色红色。肉垂红色。耳叶白色或红白相间。虹彩橘黄色。公鸡头部、颈部羽毛及蓑羽为金黄色或金黄偏红色，副翼羽和尾羽黑色并带墨绿色光泽，肩部和背部羽毛枣红色。母鸡头颈部羽毛呈深黄色，背部羽毛以黄麻色为主。脚色为青色。

3.2.1.2 N805品系 体型较小，结构紧凑，较清秀，呈船形。喙多呈黑色。单冠，公鸡的冠大直立，母鸡的冠较大，鸡冠颜色鲜红。耳叶和肉垂红色。虹彩橘黄色。公鸡头部、颈部羽毛及蓑羽为金黄色或金黄偏红色，胸部、腹部羽毛及主翼羽红色，尾部羽毛黑色并带墨绿色光泽，发达上翘，肩部羽毛枣红色，背部羽毛金黄色或金黄带红色。母鸡头颈部羽毛呈深黄色，背部羽毛有黄麻色。脚色为青色。

3.2.1.3 N701品系 体型较大，体质结实。单冠，公鸡冠较大直立，母鸡冠小，鸡冠颜色红色。耳叶和肉垂红色。虹彩橘黄色。喙黄色。全身羽毛洁白，黄脚，皮肤黄色。

3.2.2 父母代种鸡外貌特征

温氏青脚麻鸡2号配套系父母代公鸡为快羽型，成年公鸡体大胸宽，羽毛丰满紧凑，单冠直立，冠大鲜红，早熟性好。喙黑色，脚胫青色，皮肤白色。全身被毛除副翼羽和尾羽黑色之外，其他部位羽毛金黄或金黄偏红，有光泽。23周龄体重3 750～3 950g，胫长10.3～12.2cm，胫围5.8～6.6cm。父母代母鸡为快羽型，成年母鸡体型大，前躯紧凑，后躯圆大。头部、颈部羽毛红黄带麻点，背部羽毛为红底麻羽，单冠直立，冠、肉垂、耳叶鲜红色，喙黑色，脚胫颜色为青色，皮肤为白色。

3.2.3 商品代外貌特征

3.2.3.1 公鸡 体型较大，胸部较圆，胸肌发达。羽毛丰满，头部、颈部羽毛多为黄色，背部羽毛红羽。性成熟好，上市时公鸡的鸡冠和肉垂大且鲜红，鸡冠直立。喙黑色。脚胫颜色为青黑色。皮肤为白色。整体外观特征非常适合四川、重庆等地肉鸡市场的需求。

3.2.3.2 母鸡 体型中等，较为瘦长，性情温驯。羽毛紧凑，并富有光泽，头部、颈部羽毛多为黄色，背部羽毛色为红底麻羽。早熟性较好，上市时母鸡的鸡冠和肉垂已经开始发育，变得鲜红，脸面开始红润，羽毛变得光亮。喙黑色，脚胫颜色为青黑色，皮肤为白色。

3.3 配套系生产性能

3.3.1 各品系生产性能

3.3.1.1 N813品系 公鸡11周龄体重（2 907±184）g，胫长（115.38±4.55）mm，胫围（55.67±1.77）mm。母鸡9周龄体重（1 819±118）g，胫长（89.18±2.42）mm，胫围（44.59±1.05）mm，选育效果达到预期。对垂直传播的鸡白痢、白血病进行净化工作，经过连续7个世代的检测、净化，公母鸡白痢、白血病的阳性率显著下降，公母鸡白痢阳性率分别为0.77%、0.60%，白血病阳性率分别为14.52%、1.41%。

3.3.1.1 N805品系 公鸡10周龄体重（2 224±136）g，胫长（106.23±3.51）mm，胫围（46.55±0.87）mm。母鸡8周龄体重（1 496±77）g，胫长（76.96±1.80）mm，胫围（36.68±0.74）mm。品系的产蛋性能得到了较大幅度的提高，300日龄产蛋数（101.7±8.67）个，66周龄产蛋数（189.8±15.84）个，选择达到了预期的效果。对垂直传播的白血病、白痢进行净化，经过连续10个世代的净化，公、母鸡白痢、白血病的阳性率显著下降，公、母鸡白痢阳性率分别为0.97%、0.50%，公、母鸡白血病阳性率分别为0.65%、0.55%。

3.3.1.3 N701品系 公鸡10周龄体重（2 210±135）g，胫长（108.48±3.18）mm，胫围

(47.92±1.16) mm，母鸡 8 周龄体重 (1 439±82) g，胫长 (80.05±2.30) mm，胫围 (39.87±0.91) mm。品系的产蛋性能得到了较大幅度的提高，300 日龄产蛋数 (107.6±9.72) 个，66 周龄产蛋数 (194.9±18.28) 个，品系选择效果达到预期。对垂直传播的白血病、白痢进行净化，经过连续 15 个世代的净化，公母鸡鸡白痢、白血病的阳性率显著下降，公、母鸡白痢阳性率分别为 0.28%、0.05%，公、母鸡白血病阳性率分别为 0.28%、0.05%。

3.3.2 父母代种鸡生产性能

父母代母鸡开产日龄为 161～168d，开产体重 2 150g，胫长 8.2～9.4cm，胫围 4.1～4.9cm。30 周达产蛋高峰，高峰产蛋率达到 85%。66 周龄入舍母鸡产蛋量 190～198 个。全期种蛋合格率 91.6%～92.8%，全期种蛋受精率 94.7%～95.7%，全期受精蛋孵化率 91.0%～92.0%，66 周龄入舍母鸡产合格种苗 150～165 只。

3.3.3 商品代生产性能

温氏青脚麻鸡 2 号配套系商品代公鸡 70 日龄上市，冠大鲜红，羽毛紧凑，整体羽色红黄，有光泽，整体外观特别适合川渝肉鸡市场的需求，上市体重 2 450～2 550g，胫长 9.9～11.1cm，胫围 4.7～5.4cm，屠宰率 90.0%～91.6%，全净膛率 67.5%～69.1%，胸肉饱满，胸肌率 16.5%～18.4%，腿肌发达，腿肌率 25.4%～27.8%，饲料转化率 (2.50～2.55) ∶1，成活率 94%以上。母鸡 70 日龄上市，冠面红润，羽毛紧凑，整体羽毛红底黄麻，上市体重 1 950～2 050g，胫长 8.3～9.2cm，胫围 3.9～4.7cm，屠宰率 90.2%～91.9%，全净膛率 66.5%～68.3%，胸腿肌较发达，胸肌率 16.2%～17.8%，腿肌率 25.1%～27.3%，饲料转化率(2.65～2.70) ∶1，成活率 94%以上。

4 选育技术路线及主要选育性状

4.1 选育技术路线

配套系培育的技术路线见图 2。

品系的选育采用专门化品系培育方法，分父本品系和母本品系选育，各系选择改良的重点性状有所不同，父本品系主要选择外观特征和肉用性能，而母本品系在选择外观特征和肉用性能的同时，重点提高繁殖性能。纯系选育采用闭锁群家系选育法，育种基础群一旦确定，就不再引进外血，家系繁育，系谱孵化，个体的亲缘关系明确。对外观性状采用独立淘汰法选种，淘汰任何某一性状达不到育种要求的个体。对单性状，根据性状遗传力，采用个体、家系或个体结合家系的选种方法。对繁殖性能的选择采用 300 日龄产蛋数早期选种方法，以缩短世代间隔，后测定至 66 周龄产蛋性能为下世代选留提供依据。父本品系一般在产蛋高峰繁殖下一世代，世代间隔为 32 周左右，二年三个世代。母本品系一般在 45 周龄繁殖下一世代，世代间隔为 52 周左右，一年一个世代。

品系选育基本程序为：出雏时的选择和戴翅号→体型外貌初选→体型外貌复选→指标测定→中选鸡只的挑选→上笼前的复选→母本品系个体产蛋测定→家系组建→纯繁下世代。

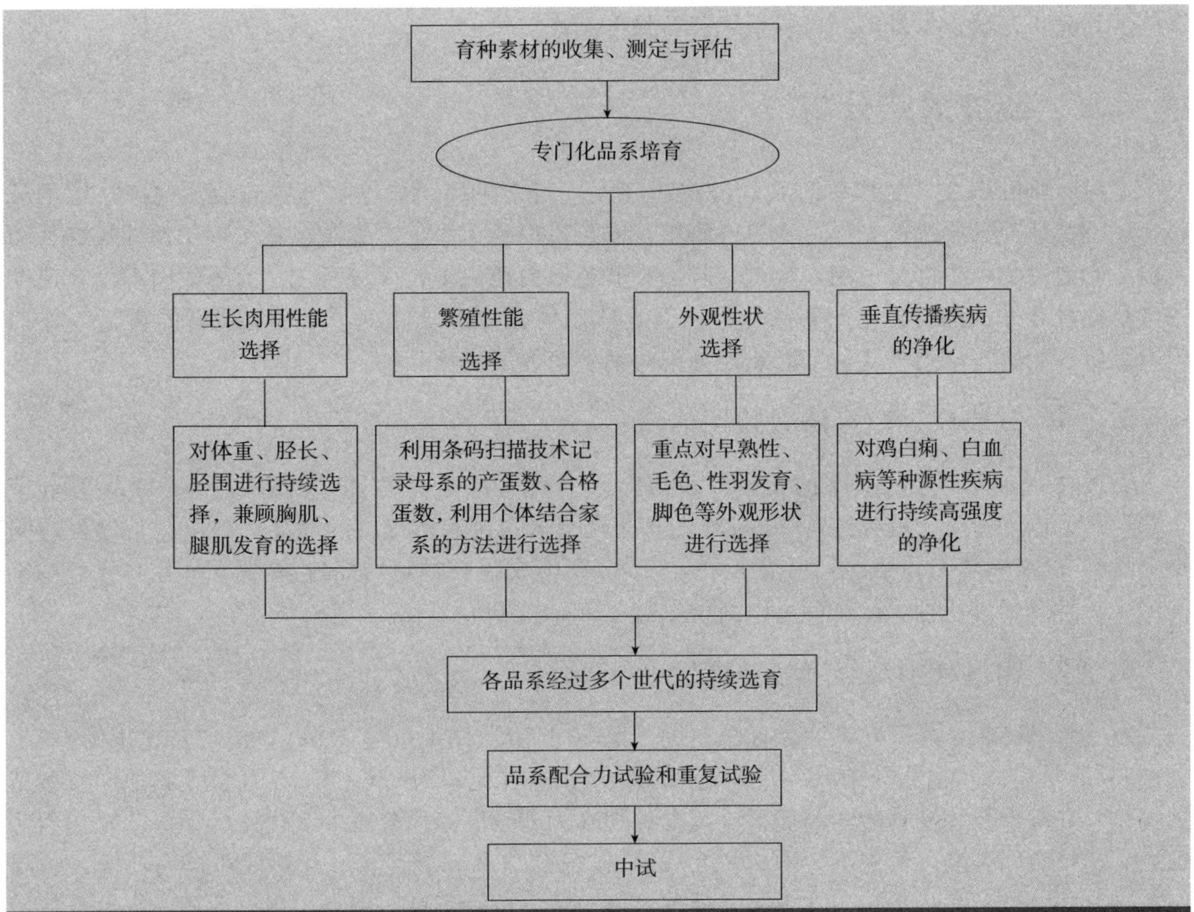

图 2　选育技术路线

4.2　主要选育性状

品系选育的性状有：①体重及均匀度；②胸腿肌发育；③体型、胫围、胫长等；④外观：冠发育、羽毛的颜色和紧凑度及收毛，尾羽发育、脚色等；⑤繁殖性能：开产日龄、个体产蛋数。

品系测定的指标有：体重、胫长、胫围、个体开产日龄、个体产蛋数。

5　中试应用情况与经济效益分析

5.1　中试应用情况

温氏青脚麻鸡 2 号配套系的中试在四川省德阳市、中江、眉山市进行，包括温氏青脚麻鸡 2 号父母代种鸡和商品代肉鸡，2013 年 3 月至 2014 年 6 月，共中试父母代 7.2 万套，商品代肉鸡 528.9 万只。大规模的中试应用情况表明，温氏青脚麻鸡 2 号配套系的父母代种鸡和商品代肉鸡主要经济性状遗传稳定，生产性能均匀一致，种鸡的繁殖性能高，商品代肉鸡生长速度快、饲料转化比低、抗逆性强；肉鸡外观特征好，黄麻羽、青脚、早熟、胸腿肌发达，能满足中试区域市场的客户要求并获得较好的经济效益，具有良好的推广价值。

5.2 经济效益分析

温氏青脚麻鸡 2 号配套系商品代公鸡冠红大且直立，颈羽黄色、背羽为金黄偏红，尾羽长翘，尾羽黑色而带墨绿色光泽，喙黑、脚黑，肤色以白色为主，少量黄色；母鸡早熟性较好，羽色以黄麻色为主，少部分黄羽，喙黑、脚黑，肤色以白色为主，少量黄色。商品代肉鸡生长速度快，早熟性较好，饲料转化效率高，再加上其体态优美、肉质优良，深受消费者的喜爱，在四川、重庆、云南、贵州等省份，已然成为肉鸡消费市场的主流品种。

5.2.1 父母代种鸡经济效益评估

温氏青脚麻鸡 2 号配套系的父母代种母鸡具有优秀的繁殖性能，其高峰产蛋率为 83%～85%，80%以上产蛋率可维持 4～6 周，66 产蛋周只入舍母鸡可提供的商品代鸡苗比其他公司同类型品种多 19～24 只，按每只鸡苗 1.5 元计算，每套父母代种鸡增加效益 28.5～36.0 元，按年推广 100 万套父母代种鸡计算，可以新增效益 2 850～3 600 万元。

5.2.2 商品代肉鸡经济效益评估

温氏青脚麻鸡 2 号配套系商品代公鸡饲养至 70 日龄，体重可达 2.5kg，饲料转化率为2.5：1；商品代母鸡饲养至 70 日龄，体重可达 2.0kg，饲料转化率为 2.6：1。与社会上其他同类型品种相比，在饲养至相同日龄的前提下，温氏青脚麻鸡 2 号商品代公鸡外观优良，早熟较好、羽毛红亮、比社会同类品种价格至少高 0.2 元/kg，按只公鸡 2.5kg 计算，只鸡效益提高 0.5 元，温氏青脚麻鸡 2 号商品代母鸡与社会同类品种价格一致。按每年推广肉鸡 1 亿只计算，每年可新增利润 2 500 万元。

5.2.3 社会效益评估

温氏青脚麻鸡 2 号配套系经过广东温氏食品集团股份有限公司多年的选育，具有生长速度快、外观优良、群体均匀度好、抗逆性强、饲料转化效率高、饲养成本低等优势，受到广大养殖户的青睐；同时，该品种在传统青脚麻鸡体型、适应性强、肉质优良等优点的基础上，明显改善了繁殖性能、生长性能，对提高我国青脚麻鸡品种的国内市场竞争能力有积极的影响；有效解决农民就业及确保农民增收，改善“三农”问题，加快农村社会小康步伐。同时，进一步丰富了全国各地人民的菜篮子，加快了现代种植业、运输业、零售业等行业的就业及增收，具有良好的社会效益。

6 育种成果的先进性及作用意义

6.1 分子标记技术在品种培育中的应用

6.1.1 隐性白基因的分子检测

在温氏青脚麻鸡 2 号配套系的培育过程中应用了分子标记辅助技术来剔除 N813、N805 这两个品系隐性白羽基因。2 个品系共检测样品 4 500 羽份，将两个品系中原有的隐性白羽基因全部剔除，与传统的测交来鉴别杂合子的方法相比，分子标记辅助选择的方法具有准确、高效的优势，目前在 N813 和 N805 纯系、温氏青脚麻鸡 2 号父母代种鸡以及商品代鸡苗均没有白苗出现，效果显著。

6.1.2 显性白羽基因分子检测技术的应用

N701 品系源于以色列的卡比尔 2700，在该品系中存在一定比例的显性白羽个体，由于其自身又是隐性白羽纯合表型，因此通过常规技术手段难以剔除显性白羽基因。通过与华南农业大学的合作，建立了利用分子标记技术对显性白羽基因进行检测和剔除，效果显著。

6.1.3 腹脂和饲料报酬的分子标记筛选

对腹脂和饲料报酬的分子标记进行了筛选和验证，公开发表了《鸡 *IGF-I* 基因单核苷酸多态性及其与屠体性状关系的研究》《Determination of Residual Feed Intake and Its Associations with Single Nucleotide Polymorphism in Chickens》等研究论文，为下一步建立降低优质鸡腹脂率和提高饲料效率的选种方案积累了基础。

6.2 鸡个体产蛋量记录系统的改进

传统的个体产蛋测定记录是手工进行，存在工作量大、烦琐、容易出错的缺点。为此，研发了一套基于条形码扫描技术的自动记录系统，并将这项技术应用到温氏青脚麻鸡 2 号产蛋记录工作中，极大地减轻了劳动量、保证了数据的准确性，提高了工作效率。最近，我们又将原有的条形码技术升级到 RFID 卡扫描技术，产蛋记录系统更加便捷、准确。

6.3 个体饲料报酬测定技术的研究

近年来，育种公司在优质鸡饲料报酬测定技术方面做了大量的研究，下阶段将利用该项技术对主要父系进行大规模的饲料报酬测定及选择，为下一步降低肉鸡成本、提高配套竞争力做准备。

7 推广应用的范围、条件和前景

温氏青脚麻鸡 2 号配套系在经过多年的选育后，与社会上同类型品种相比，其种鸡生产性能、抗病能力、外观特征、肉鸡生长速度、饲料转化效率等方面都具有较大优势，可以说，该品种的综合生产性能已处于社会同行的前列，对该品种的推广应用可以获得更大的经济和社会效益。在推广过程中，建立了较为完善的温氏青脚麻鸡 2 号繁育体系，制订出该品种的企业标准和饲养服务手册，规范了肉鸡养殖流程，同时也开展了该品种的营养需要的饲养研究，探索温氏青脚麻鸡 2 号的营养需要水平，制订合理的营养配方。温氏青脚麻鸡 2 号的培育方向紧贴市场的走向，不断调整育种目标并进行改良，采取边培育边推广的办法不断把产品推向市场，由市场来检验产品的可靠性和适应性，再综合市场反馈回来的信息，运用现代遗传育种技术不断地进行改良，使之不断适合市场需要，市场范围在不断扩大，这也充分说明了温氏青脚麻鸡 2 号具有广阔的推广前景。

农大5号小型蛋鸡配套系

证书编号： 农09新品种证字第64号

培育单位： 北京中农榜样蛋鸡育种有限公司
中国农业大学

E系公鸡

E系母鸡

F系公鸡

F系母鸡

Wb 公鸡

Wb 母鸡

父母代公鸡

父母代母鸡

商品代 1

商品代 2

商品代 3

1 培育单位概况

1.1 北京中农榜样蛋鸡育种有限责任公司

北京中农榜样蛋鸡育种有限责任公司是北农大集团下属的子公司。北农大集团（北京北农大动物科技有限责任公司，现更名“北农大科技股份有限公司”）创建于1995年，是国家级高新技术企业，主要致力于优良畜禽品种的培育和推广、高效畜禽动物饲料的研制和开发工作。经过近20年的蛋鸡育种工作，集团积累了宝贵的经验，并储备了多类型蛋鸡育种素材，现有蛋用型鸡品系8个，家系数量500余个，个体笼观测鸡群1.6万余只。集团培育的“农大3号”小型蛋鸡配套系，2004年通过了国家品种审定，截至2014年年底，该品种商品代在全国存栏已达到8 000万只，占中国蛋鸡市场份额的5%。

2009年，集团在北京延庆区投资3 300万元建设了节粮型蛋鸡原种、祖代鸡场，当年被评为“中国蛋鸡行业二十强”；2010年，在河北省曲周县投资1.8亿元建设了节粮型蛋鸡华北高技术产业基地；2011年，在江苏姜堰投资7 000万元建设了节粮型蛋鸡华东高技术产业基地；此外，湖北、云南等地的节粮型蛋鸡父母代鸡场正在征地筹建中。集团的业务正向集蛋鸡品种、专用饲料、品牌鸡蛋、肉制品加工为一体的产业链不断延伸。预混料年产销量已突破7万t，位列中国预混料行业前十强。

北京中农榜样蛋鸡育种有限责任公司总投资3 300万元，占地面积35 140.48 m^2、建筑面积15 153.76 m^2；现有员工200余人，其中畜牧兽医、动物营养和育种专业研究生以上学历及高级职称人员16人、畜牧兽医相关专业本科生15人、大专生15人。公司还常年聘请中国农业大学动物科技学院和动物医学院的多位专家教授担任顾问，技术实力雄厚。2014年9月公司被评为首批国家级蛋鸡核心育种场。公司以节粮型蛋鸡育种、扩繁和推广为己任，坚持诚信、勤奋、务实和感恩的企业文化理念，走产、学、研相结合的发展之路，努力为我国蛋鸡产业的健康发展做出更大的贡献。

1.2 中国农业大学

中国农业大学是教育部直属、国家“双一流”“211”工程 和“985”工程建设的全国重点大学，是我国现代农业高等教育的起源地。下属动物科技学院，前身是北京农业大学畜牧学系，至今已有近100年的历史，学院设有畜牧学科博士后流动站1个，动物遗传育种与繁殖、动物营养和草业科学3个博士专业，动物遗传育种与繁殖、动物营养、草业科学和畜牧生物工程4个硕士专业，拥有动物遗传育种与繁殖学、动物营养与饲料科学和草业科学三个国家重点学科；现有教师122人，其中中国科学院院士1人。学院技术队伍强、研究条件一流，从“六五”开始连续主持和参加了家禽科学技术、遗传育种、疾病防控、饲料添加剂和质量检测等方面的国家科技攻关和农业部科研项目，取得了多项重要的科研成果，对我国家禽业发展做出了重大贡献。

2008年12月，国家发展和改革委员会批准在中国农业大学建设畜禽育种国家工程实验室。该实验室立足于建立我国畜禽育种领域中共性关键技术和工程化应用技术研发与扩散的基地，以此作为国家动物遗传育种技术创新体系中的重要支撑组成部分，构建我国畜禽遗传资源利用、育种和繁殖产业化技术重要平台，搭建衔接畜禽遗传育种基础研究和工程化、产业化开发与现代畜牧企业的桥梁。作为我国畜禽品种培育最重要的研发基地之一，该实验室承担畜禽遗传育种与繁殖相关的国家重点攻关项目，培养畜禽育种技术高级人才。

2 培育背景与培育目标

2.1 培育背景

我国是世界上最大的蛋鸡生产国和消费国，蛋鸡饲养量长期居世界第一，但由于我国饲料资源短缺以及消费者对产品外观品质的重视，因此培育具有突出饲料转化效率和适合我国消费者喜欢的外观品质的产品，具有重大战略意义和社会经济价值。农大 3 号小型蛋鸡配套系自 2004 年品种审定以来，深受市场欢迎，年存栏量近亿只。但是，在某些区域存在体重小、蛋壳颜色偏浅、淘汰鸡销售价格低等问题。为适应不同地区市场需求，我们借鉴罗曼粉（白来航配褐壳蛋鸡）蛋壳颜色比海兰灰（洛岛红配白来航）稍深的现实，新配套系在充分利用矮小 *dw* 基因的前提下，设计用矮小白和褐壳蛋鸡杂交，生产粉壳蛋鸡，利用母体的遗传效应，提高商品代体重 50～100g，蛋壳颜色较农大 3 号商品代蛋壳颜色深。

2.2 培育目标

农大 5 号小型蛋鸡配套系以“节粮”“适宜外观”和“高效益”为主要育种目标，在保持 农大 3 号矮小节粮的基础上，利用原有的农大褐部分品系，通过配合力测定，从而筛选出的三系配套模式。该配套系商品代蛋鸡的生产性能指标目标为：①生产指标不低于农大 3 号；②商品代蛋壳颜色比农大 3 号略深；③商品代体重比农大 3 号重 100g 左右，提高淘汰鸡附加值；④父母代雏鸡羽色自别、商品代雏鸡羽速自别的双自别。

3 配套系的组成及特征特性

3.1 配套系组成

农大 5 号配套系是由三系配套而成，其中母本父系（E 系）及母本母系（F 系）分别属于洛岛红和洛岛白标准品种类型；终端父本（Wb 系）携带 dw 矮小基因。具体的配套模式见图 1。

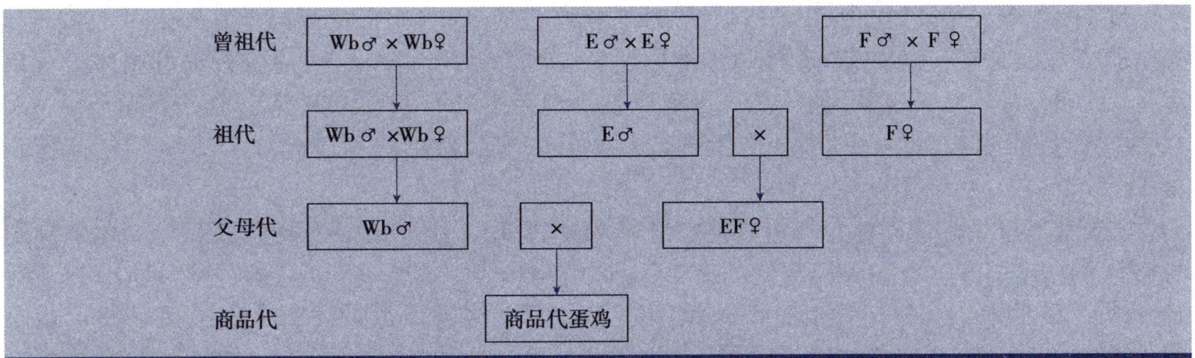

图1 农大5号小型蛋鸡配套系配套模式

3.2 配套系外貌特征及特性

3.2.1 各品系外貌特征及特性

3.2.1.1 **Wb系** 该品系来源于农大3号小型蛋鸡商品代和白来航品系的杂交、回交后代。先应用农大3号小型蛋鸡商品代母鸡和白来航公鸡杂交，选F1代公鸡与母鸡回交，挑选矮脚和白色蛋壳后代自交，后经过多年不断的自交扩繁、选育、提纯，直至体型和蛋壳颜色达到品种要求，于2007年形成纯系基础群开始闭锁选育。至今已经过6个世代的选育。Wb系体型清秀、单冠、冠较小、肉髯鲜红色、耳叶为白色、羽毛丰满、快羽、白羽黄喙、黄脚、蛋壳颜色亚白色。

3.2.1.2 **E系** 该品系属于洛岛红品系类型，慢羽。来源于原农大褐4系配套系中的B系。主要外貌特征：羽毛深红色、尾羽黑色，体躯呈长方形、头中等大、单冠。公、母鸡鸡冠均直立，脸部、肉垂均鲜红色，喙褐黄色，胫、趾黄色或微带红色，背部宽平，体躯各部肌肉发达，体质强健，适应性强，产褐壳蛋。

3.2.1.3 **F系** 该品系属于洛岛白品系类型，慢羽。来源于原农大褐4系配套系中的D系。该品系的主要外貌特征：成年鸡全身羽毛白色，喙、胫为黄色，体态丰满，中等体型，单冠，公、母鸡鸡冠均直立，冠鲜红，肉髯红色，背部宽平，体躯各部肌肉发达，体质强健，适应性强，产褐壳蛋。

3.2.2 父母代外貌特征

3.2.2.1 **公鸡** 体型清秀、快羽、耳叶为白色、羽毛丰满，单冠、肉髯鲜红、冠较小，黄喙、黄脚，精液品质良好、体质强健。

3.2.2.2 **母鸡** 慢羽、羽毛深红色，体态丰满、中等体型，直立单冠、脸部和肉垂均鲜红色，喙褐黄色，胫、趾黄色，体质强健、适应性强，产褐壳蛋。

3.3 配套系生产性能

3.3.1 各品系生产性能

3.3.1.1 **Wb系** 6周龄公、母鸡体重分别为477.7g、413.9g，18周龄公、母鸡体重分别为1 520.5g、1 245.6g，43周龄公、母鸡体重分别为1 777.7g、1 454.3g；开产日龄147.3d，44周龄

产蛋量 141.1 个，66 周龄产蛋量 259.8 个，72 周龄产蛋量 284.9 个，72 周龄产蛋总重 15.38kg。

3.3.1.2 E系 6 周龄公、母鸡体重分别为 518.7g、460.6g，18 周龄公鸡母鸡体重分别为 2 041.6g、1 535.7g，43 周龄公、母鸡体重分别为 2 496.8、2 036.7g；开产日龄 141.4d，44 周龄产蛋量 149.8 个，66 周龄产蛋量 278.6 个，72 周龄产蛋量 308.9 个，72 周龄产蛋总重 18.94kg。

3.3.1.3 F系 6 周龄公鸡母鸡体重分别为 521.3g、454.6g，18 周龄公、母鸡体重分别为 2 129.2g、1 552.2g，43 周龄公、母鸡体重分别为 2 462.2g、2 009.7g；开产日龄 141.7d，44 周龄产蛋量 150.1 个，66 周龄产蛋量 280.1 个，72 周龄产蛋量 309.7 个，72 周龄产蛋总重 18.92kg。

3.3.2 父母代生产性能

农大 5 号配套系父母代种鸡产蛋性能好、种蛋合格率高、受精率、孵化率都有较好表现（表 1）。

表 1 父母代生产性能

性能	指标
育雏育成期成活率（0～18 周龄）(%)	95.0
育雏育成期耗料（kg）	6.7
20 周龄体重（kg）	1.7
50%产蛋日龄	149
入舍鸡产蛋数（68 周龄）个	281.0
饲养日产蛋数（68 周龄）个	293.0
平均蛋重（g）	61.8
蛋壳强度（kg/cm^2）	3.5
产蛋期成活率（%）	93.0
68 周龄体重（kg）	1.95
合格种蛋数（68 周龄）(个)	240.0
受精率（%）	94.5
入孵蛋孵化率（%）	88.7

3.3.3 商品代生产性能

商品代蛋鸡具有产蛋率高、高峰持续时间长、蛋壳颜色稳定、蛋重均匀度高、产蛋期料蛋比低、抗病力强等优点。

表 2 商品代蛋鸡生产性能

	单位	组合 1
初生重	g	40.5
18 周龄体重	g	1 124.8
20 周龄体重	g	1 210.4

（续）

	单位	组合 1
22 周龄体重	g	1 326.5
72 周龄体重	g	1 651.1
0～18 周龄成活率	%	97.3
19～72 周龄成活率	%	95.1
0～18 周龄只耗料量	kg	5.96
19～72 周龄只耗料量	kg	33.18
开产日龄	d	154
饲养日产蛋量（HD）	个	295.2
饲养日产蛋总重	kg	16.21
入舍母鸡产蛋量（HH）	个	287.2
入舍母鸡产蛋总量	kg	15.77
平均蛋重	g	54.9
产蛋期料蛋比	—	2.05∶1

4 选育技术路线及主要选育性状

4.1 选育技术路线

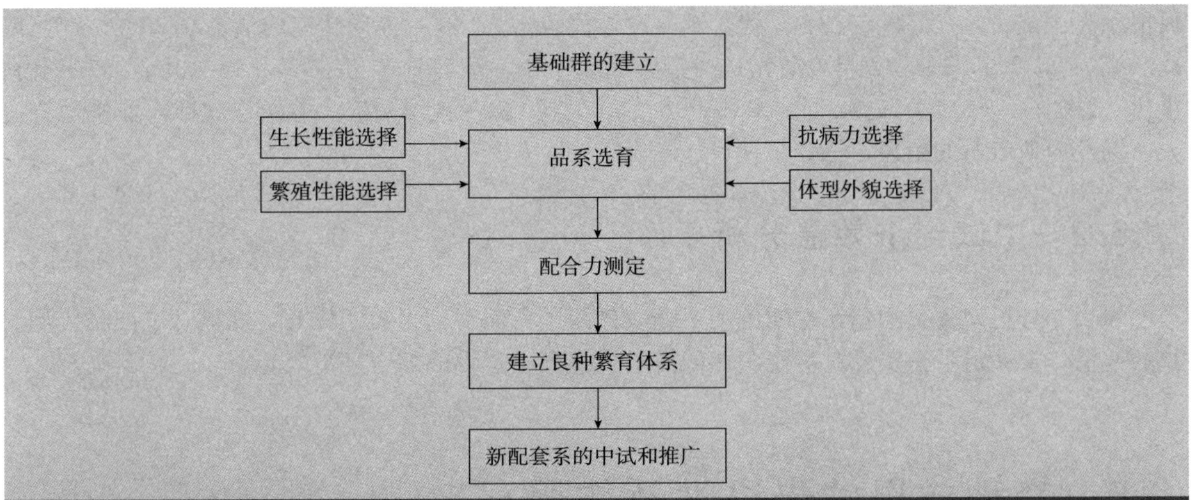

图 2 配套系选育技术流程

4.2 主要选育性状

根据现代育种理论和基础群测定的情况，分别将三个品系按照专门化父系和母系选育，按照不同品系的选育方向，各品系选育重点不尽相同。父系的选育主要以产蛋数量、蛋重、抗病力等性状为主；母系要兼顾产蛋数量和产蛋总重的平衡性，重点提高繁殖性能。

各品系以18～44周龄产蛋数为主要选择性状，6周龄体重、开产日龄、开产体重、蛋重及蛋壳强度等其他性状改善或保持稳定。Wb系的快羽性状作为出雏时主要选择性状，用于建立自别雌雄配套系。

5 中试应用情况与经济效益分析

5.1 中试应用情况

2013年在河北省涿州、曲周等市及地区进行中间试验，饲养商品代蛋鸡95万只，具体中试时间及规模见表3。

表3 农大5号节粮蛋鸡配套系商品代中试数量统计

中试时间	中试地点	养殖场名称	规模（只）
2013.04—2014.08	河北曲周	曲周县北农大禽业有限公司	250 000
2013.04—2014.08	河北曲周	河北蹦蹦跳畜禽产品贸易有限公司	50 000
2013.04—2014.08	河北曲周	曲周县环山畜禽养殖专业合作社	100 000
2013.04—2014.08	河北曲周	曲周县献国畜禽养殖专业合作社	200 000
2013.04—2014.08	河北涿州	涿州市汇农生鸡专业合作社	100 000
2013.04—2014.08	河北霸州	霸州市惠农畜禽养殖专业合作社	250 000
合计			950 000

通过饲养，农大5号小型蛋鸡配套系商品代生产性能稳定，具有易于饲养，产蛋性能高、饲料报酬高、抗病力强等优点。商品代蛋鸡主要性能表现为：0～18周龄期成活率97.3%，产蛋期成活率为95.2%，19～72周龄饲养日产蛋数295.4个、饲养日产蛋总重为16.13kg，产蛋期料蛋比（2.04～2.08）：1，72周龄末体重达1 651.0g。商品代深受广大养殖户欢迎，非常适合南方市场及内地市场的销售，符合育种目标的设定。

5.2 中试经济效益分析

农大5号小型蛋鸡配套系在羽色和蛋壳颜色两个方面得到很大的提升，既提升了商品代淘汰鸡的残值，又满足了消费者对蛋壳颜色的需求，提高了蛋鸡的综合经济效益。

6 育种成果的先进性及作用意义

6.1 育种成果的先进性

农大5号配套系充分利用 *dw* 基因的特点，鸡的体型小、饲料利用率提高。使用Wb系公鸡作为终端父本，商品代母鸡为矮小型，料蛋比可以达到（2.04～2.08）：1，提高了饲料利用率，降低生产成本。实现了父母代雏鸡羽色自别、商品代雏鸡羽速自别的双自别。配套系的母本父系是用慢羽洛岛红型，母本母系是慢羽洛岛白型，父母代母鸡是金色羽；父本是白羽、快羽、矮小型，商品代为矮小型。该配套系模式避免了以慢羽来航鸡作为母本携带内源病毒 ev21 病毒的威胁。

6.2 作用意义

农大5号配套系商品代在充分利用了母体效应的基础上，实现了蛋壳颜色比农大3号蛋壳颜色深的育种目标，适应了特定的市场需要，同时商品代的红羽提高了其残值。

7 推广应用的范围、条件和前景

农大5号小型蛋鸡配套系的特点决定了其未来广阔的推广前景。目前我国12亿只产蛋鸡中，粉壳蛋鸡占25%，也就是说存栏粉壳蛋鸡3亿只，而且规模有扩大的趋势，预计2020年全国粉壳蛋鸡可能达到4亿只。按照消费习惯和饲养习惯，农大5号的主要饲养地区为江苏、安徽、湖北、江西和山东等地，2020年的需求量约5 000万只，2025年达到1亿只的饲养规模。

北农大集团是集种鸡繁育和饲料加工、销售为一体的北京市农业产业化重点龙头企业，除了子公司中农榜样蛋鸡育种有限责任公司是国家级核心育种场外，还在河北曲周和江苏姜堰建有存栏量50万套的种鸡繁育基地，为供种工作提供保障。另外，公司在北京、哈尔滨、武汉、徐州、郑州、昆明、金华、邯郸等地分别设立了子公司和生产基地，业务渠道覆盖全国，建立了上百个“360服务站”，为实现2020年推广5 000万只农大5号小型蛋鸡商品代打下坚实的基础。

科朗麻黄鸡配套系

证书编号：农 09 新品种证字第 65 号
培育单位：台山市科朗现代农业有限公司

M2 系公、母鸡

RW 系公、母鸡

M3 系公、母鸡

父母代公鸡

父母代母鸡

商品代公鸡

商品代母鸡

商品代肉鸡群体

1 培育单位概况

台山市科朗现代农业有限公司是专业培育和生产优质黄羽肉鸡的大型民营企业。1999 年由公司创始人在中山市小榄镇开始涉足种鸡生产事业。随着优质鸡产业的迅猛发展，经过对市场的广泛深入地调查，鉴于港澳市场对优质麻黄羽肉鸡品种（配套系）的迫切需求，台山市科朗现代农业有限公司于 2003 年初在台山市四九镇坂潭管理区立项兴建，并于当年建成投产。

台山市科朗现代农业有限公司现有总资产9 800万元，占地140万 m^2，总建筑面积 2.3 万 m^2。其中包含有育种中心占地 6.67 万 m^2，建有各种功能鸡舍 27 栋7 810m^2；祖代和父母代种鸡场区占地 40 万 m^2，建成 36 栋智能型湿帘降温通风系统和升温通风系统种鸡舍，可饲养祖代种鸡 6 万套，父母代种鸡 25 万套，年可生产种鸡 120 万套，商品代肉鸡3 200万只。配套有智能恒温中央空调系统的孵化场1 500m^2，引进日本进口的"PEARL"全自动智能型巷道式孵化机 26 套，年孵化能力4 500万只。此外，公司还配套有时产 5t 的配合饲料自动生产线，以及从日本引进的鸡粪加工生产线等先进的配套设施。

公司建立了现代企业管道制度，实行制度化、规范化管理，是供港澳活禽注册场，2007 年成为中国畜牧业协会禽业分会理事单位，2008 年通过了 ISO2000 国际质量管理体系认证，2009 年通过麻黄鸡祖代场审定，2012 年科朗麻黄鸡被广东省农业厅评为广东省名牌产品，2013 年被农业部认定为肉鸡标准示范场。

台山市科朗现代农业有限公司育种中心，占地 6.67 万 m^2，自然生态环境优美，天然隔离条件良好，建有各种功能鸡舍 27 栋，鸡舍建筑总面积7 810m^2，其中产蛋鸡个体记录笼位18 000多个，并配备有相应的育雏育成，孵化机等配套设施，硬件设施完善；独立的消毒通道，场内净道和污道完全分开，具有完善的生物隔离防疫条件。目前，育种中心组建了一支肉鸡育种技术团队，并聘请法国哈伯德公司育种专家和国内育种技术顾问长期指导，现在育种团队拥有育种技术和管理方面的专业人员 12 名，其中硕士学历 3 名，本科学历 5 名，大专学历 4 名，具备多年现场管理经验人员 3 名，管理经验和技术力量雄厚。

2 培育背景与培育目标

2.1 培育背景

黄羽肉鸡是我国家禽产业的重要组成部分，随着我国经济的发展，人们生活水平提高，消费需求也在不断地变化，国内对黄羽肉鸡的需求不断增加，为黄羽肉鸡生产企业带来巨大的发展空间。特别是我国香港回归后，香港的经济飞速发展，市民对优质肉鸡的消费需求增长很快，尤其是毛色麻黄，体型圆滚、皮黄脚黄、脚短而粗的麻黄鸡。由于当时只有香港本地鸡农和中山、深圳等少部分生产者从事麻黄鸡的生产，并且麻黄鸡没有经过系统的选育，生长性能差，饲养成本高，造成我国香港麻黄鸡的市场价格高昂。公司根据这一市场需求，组织技术力量进行麻黄鸡的育种工作，充分利用我国地方鸡品种的资源优势，成功将中山沙栏鸡导入终端父本，显著改善了商品代肉鸡的肉质，并且提高了商品代肉鸡的抗病力和适应性，对母系加大繁殖性能的选择，最终实现通过三系杂交配套生产麻黄鸡，在保持原来麻黄鸡毛色黄麻，体型圆滚、皮黄脚黄、脚短而粗等外观特点的基础上，提高父母代种鸡的生产性能，降低商品代鸡苗的生产成本，同时商品代肉鸡具有生长速度快、第二性征发育早、成活率高、饲料转化比好、肉质鲜美等优点。培育的麻黄鸡产品，不仅在我国香港市场适销，还逐步影响广东甚至内地市场，逐年增加销量。

2.2 培育目标

利用国外品种的特性结合我国地方优质鸡品种的优势，培育一个适应性强，生产性能好，性成熟早，毛色体型符合市场需求，适合港澳及深圳周边市场需求的麻黄羽肉鸡。

培育的科朗麻黄鸡配套系目标：

（1）繁殖性能好　父母代种鸡 66 周龄入舍母鸡产蛋数达到 180 个以上，受精率达到 95%以上，入孵蛋孵化率达到 88%以上。

（2）体重达标　商品代肉鸡公鸡 70 日龄体重达到 1 800g 以上，母鸡 70 日龄体重达到1 500g 以上。

（3）均匀度好　体重、体尺等指标变异系数在 10%以下。

（4）适合笼养　饲养成活率在 97%以上，健雏率在 99%以上；饲料转化比（2.4～2.5）：1。

（5）适合屠宰　屠宰率在 89%以上，胸肌率大于 15%，腿肌率大于 22%，腹脂率在 4%以下。

（6）疾病少　核心群白痢阳性率控制在 0.1%以下，白血病阳性率在 1.5%以下。

3 配套系的组成及特征特性

3.1 配套系组成

科朗麻黄鸡配套系由三系配套组成：以 M2 系（♂）和 RW 系（♀）生产的母鸡作为终端母本，以 M3 系为终端父本，向市场提供科朗麻黄鸡父母代种鸡和商品代肉鸡，其配套组成结构见图 1。

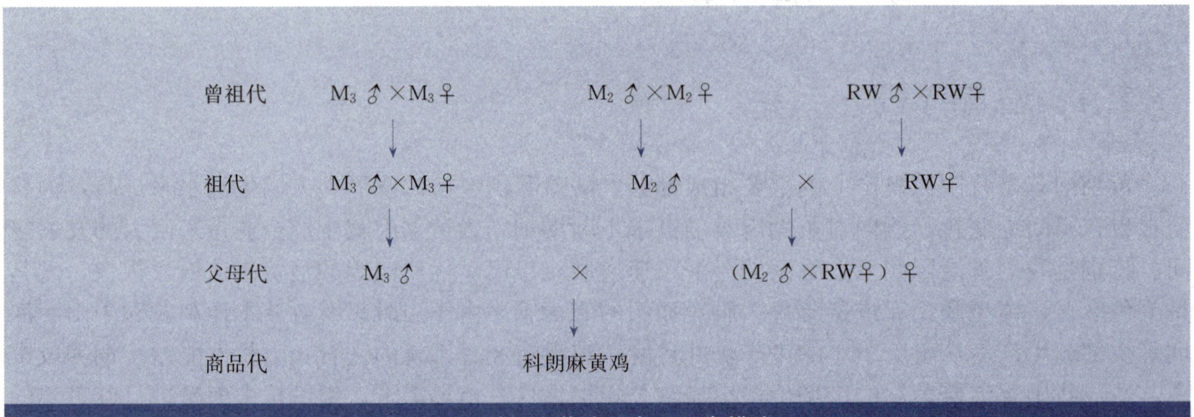

图 1　科朗麻黄鸡配套系配套模式

3.2 配套系外貌特征及特性

3.2.1 各品系外貌特征及特性

3.2.1.1 **M2 品系** 具有皮黄、胫黄、喙黄“三黄”鸡特征，胫短而粗，体型圆滚，母鸡背部与颈部间有黑羽颈圈，主翼羽、副翼羽及尾羽大部分黑羽，背部少部分黑羽，其余部分羽毛为黄羽；公鸡颈羽、披肩羽、鞍羽有黑色斑点，富有光泽，其余羽毛为金黄色，主翼羽、副翼羽及尾羽末端淡黑色或黑色、墨绿色光泽，单冠直立、颜色鲜红，面部、肉髯和耳叶为鲜红色，胸宽深，体格健壮，羽毛丰满、繁殖性能好。

3.2.1.2 **M3 品系** 终端父本 M3 品系是由沙栏鸡公鸡与香港石岐杂母鸡经过杂交后横交固定而形成的。该品系体型浑圆，羽色麻黄，胫粗、短，胸、腿肌发达，生长速度快，性成熟好，肉质鲜美、体质健壮，抗病力强。

3.2.1.3 **RW 品系** 成年鸡全身羽毛为白色，慢羽型，体型呈丰满的元宝型，单冠直立，冠、脸、肉垂与耳叶均为鲜红色，喙略弯、呈黄色，皮黄，胫黄，眼睛虹膜为黑色，胸、腿肌发达，胫粗，体型紧凑健壮，繁殖性能好。

3.2.2 父母代外貌特征

成年公鸡体型中等偏大，体型矮圆，胫短而粗，体质健壮，肌肉丰满，单冠直立，冠齿 6～8 个，冠、肉髯和耳叶鲜红，喙、胫为黄色，皮肤黄色，片羽，成年公鸡羽毛棕红色，在尾羽、鞍羽、颈羽、主翼羽处有轻度黑羽。

成年母鸡体型滚圆，胫矮粗，体质健壮，性情温驯，腹部丰满，单冠直立，冠齿 5～7 个，冠、肉髯和耳叶鲜红，喙、胫为黄色，皮肤黄色；片羽，羽毛黄底麻身。

3.2.3 商品代外貌特征

商品代肉鸡雏鸡头部呈褐色、黑边三角斑，背部蛙状的条纹背线或者为黄褐色羽毛。雏鸡眼睛明亮有神，羽毛干爽，卵黄吸收良好、腹部柔软、脐部愈合完全，无眼瞎、跛行和畸形。商品代上市日龄公鸡具有“三黄”特征，皮黄、脚黄、喙黄，羽毛棕红色，尾羽、鞍羽、颈羽有轻度黑羽，单冠直立，冠大鲜红，性成熟好；母鸡具有典型的“三黄”特征，皮黄、脚黄、喙黄，羽色黄底带麻花，羽毛紧凑、光亮，胫粗、短，且鸡腿部粗壮，胸部丰满，外观呈椭圆形。

3.3 配套系生产性能

3.3.1 各品系生产性能

3.3.1.1 **M2 品系** 6 周龄体重公鸡 741.6g、母鸡 651.9g，5%开产体重2 126.1g，43 周龄体重公鸡3 215.6g、母鸡2 518.1g；种蛋受精率 94.2%，受精蛋孵化率 91.2%，合格苗率 97.7%，43 周龄蛋重 50.7g，66 周龄产蛋数 163.3 个。

3.3.1.2 **M3 品系** 6 周龄体重公鸡 820.2g、母鸡 710.3g，5%开产体重 2 307.5g，43 周龄体重公鸡 3 439.3g、母鸡 2 653.1g；种蛋受精率 93.6%，受精蛋孵化率 90.8%，合格苗率 97.2%，43 周龄蛋重 52.3g，66 周龄产蛋数 159.2 个。

3.3.1.3 **RW 品系** 6 周龄体重公鸡 811.8g、母鸡 733.6g，5%开产体重 2 599.8g，43 周龄体重公鸡 4 179.3g、母鸡 3 041.2g；种蛋受精率 94.1%，受精蛋孵化率 91.7%，合格苗率 95.6%，43 周龄蛋重 56.5g，66 周龄产蛋数 190.3 个。

3.3.2 父母代生产性能

科朗麻黄鸡配套系父母代种鸡主要生产性能测定结果见表 1。

表 1 父母代种鸡生产性能测定结果

阶段	生产指标	国家家禽测定站测定结果（北京）	企业测定结果
育雏、育成期	成活率（1～21 周龄）（%）	98.3	97.9（0～23 周龄）
产蛋期	5%开产日龄	165	167
	5%开产体重（g）	2 015.8±130.3	2 011.8±150.2
	44 周龄末体重（g）	2 727.2±213.7	2 716.3±214.6
	50%产蛋周龄（周）	—	27
	高峰产蛋率（%）	—	84
	66 周龄入舍母鸡产蛋数（个）	179.7	179.2
	66 周龄平均种蛋合格率（%）	89.3	90.1
	种蛋受精率（%）	94.6	94.5
	受精蛋孵化率（%）	92.7	92.3
	入孵蛋孵化率（%）	87.7	86.8
	产蛋期成活率（%）	93.7	93.5
	健雏率（%）	99.8	99.5
全期	总耗料（kg）	46.2	46.0

注：数据来源于台山市科朗现代农业有限公司 2014 年父母代种场全场平均数据和国家家禽生产性能测定站（北京）2014 年 11 月测定结果。

3.3.3 商品代生产性能

科朗麻黄鸡配套系商品代肉鸡主要生产性能测定结果见表 2。

科朗麻黄鸡配套系商品代肉鸡屠宰性能测定结果见表 3。

科朗麻黄鸡配套系商品代肉鸡肉品质测定结果见表 4。

表 2 商品代肉鸡生产性能测定结果

指标 / 性别	生产指标	国家家禽生产性能测定站测定结果（北京）	企业测定结果
公鸡	出栏日龄	70	70
	出栏体重（g）	1 897.9±156.2	1 876±144.1
	饲料转化比	2.31∶1	2.32∶1
	成活率	98.3	98.7

（续）

性别 \ 指标	生产指标	国家家禽生产性能测定站测定结果（北京）	企业测定结果
母鸡	出栏日龄	70	70
	出栏体重（g）	1 540.1±94.4	1 532±108.9
	饲料转化比	2.52∶1	2.50∶1
	成活率（%）	97.7	97.3

注：数据来源于台山市科朗现代农业有限公司 2014 年 9 月肉鸡试验测定结果和国家家禽生产性能测定站（北京）2014 年 11 月测定结果。

表 3　商品代肉鸡屠宰性能测定结果

指标 \ 性别	国家家禽生产性能测定站测定结果（北京）		企业测定结果	
	公	母	公	母
屠宰率（%）	87.6±1.1	86.8±1.5	90.2±1.4	89.5±1.5
半净膛率（%）	80.6±1.9	79.9±2.2	85.6±1.8	83.9±2.3
全净膛率（%）	65.6±1.2	65.7±2.1	70.3±1.6	69.1±1.9
胸肌率（%）	15.4±0.3	16.2±0.6	15.1±0.4	16.2±0.8
腿肌率（%）	23.2±0.8	21.1±0.7	22.7±0.7	20.5±0.9
腹脂率（%）	2.9±1.0	3.7±0.6	2.8±0.7	3.9±1.1

注：数据来源于台山市科朗现代农业有限公司 2014 年 9 月肉鸡试验测定结果和国家家禽生产性能测定站（北京）2014 年 11 月测定结果。

表 4　商品代肉鸡肉品质测定结果

指标	公鸡胸肌	母鸡胸肌	平均值
嫩度（kg/cm^3）	3.18	2.92	3.05
失水率（%）	30.43	32.60	31.52
pH	5.82	5.93	5.88
肉色（OD 值）	0.29	0.24	0.27
粗蛋白质（%）	24.18	23.92	24.05
粗脂肪（%）	0.78	1.02	0.90

注：数据来源于台山市科朗现代农业有限公司 2014 年 10 月肉鸡试验测定结果。

4　选育技术路线及主要选育性状

4.1　选育技术路线

配套系具体选育技术路线见图 2。

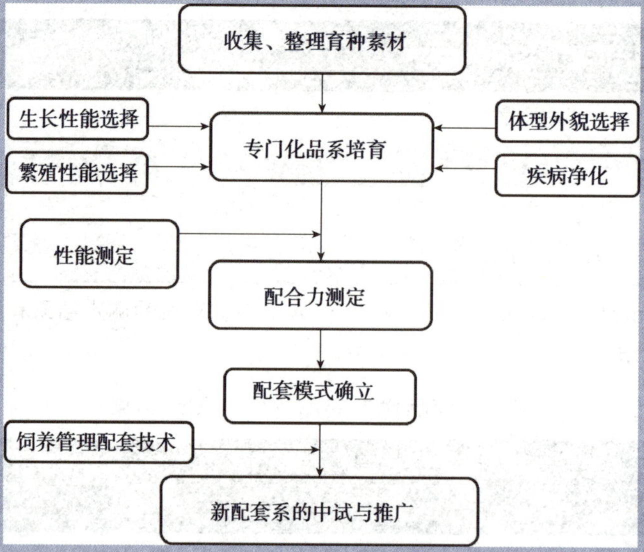

图 2　科朗麻黄鸡配套系选育技术路线

4.2　主要选育性状

根据各品系的特点和市场需求，重点对质量性状（如羽色、胫色等）和数量性状（如产蛋数、开产日龄等）采取了不同的选种方式。对遗传力相对较高的性状（如体重等）以个体选育为主，遗传力相对较低的性状（如产蛋量等）以家系选育为主，结合个体选育。

4.2.1　M2 品系

繁殖性能：开产日龄，43、66 周龄产蛋数，开产和 43 周龄蛋重。
生长发育：6 周龄、20 周龄体重。
外貌体型：1 日龄羽色、胫色，6 周龄羽色，20 周龄胫长、胫围、冠高。
疾病净化：鸡白痢、禽白血病检测。

4.2.2　M3 品系

外貌体型：1 日龄羽色、胫色，6 周龄羽色，20 周龄胫长、胫围、冠高。
生长发育：6 周龄、20 周龄体重。
繁殖性能：6 周龄公鸡和 10 周龄母鸡第二性征发育、采精量、精子活力及蛋重（开产和 43 周龄）。
疾病净化：鸡白痢、禽白血病检测。

4.2.3　RW 品系

繁殖性能：开产日龄，43、66 周龄产蛋数，开产和 43 周龄蛋重。
生长发育：6 周龄、20 周龄体重。
外貌体型：1 日龄羽色、胫色，羽速、20 周龄体尺（龙骨长、体斜长）。

5 中试应用情况与经济效益分析

5.1 中试应用情况

从2013年以来在广东省江门、中山、惠州、珠海、湛江等地区进行中间试验，共推广父母代种鸡143万套，商品代肉鸡苗2 359万只，效果良好。

通过中试应用，证明科朗麻黄鸡配套系父母代生产性能稳定，易于饲养，商品代具有体型外貌一致、饲料报酬高、抗病力强等优点。对各地饲养情况的统计分析表明，科朗麻黄鸡配套系父母代种鸡66周龄入舍母鸡产蛋量可达180个，种蛋合格率94%以上；商品代肉鸡公鸡70日龄可达1 800g以上，母鸡70日龄可达1 500g以上，具有生长速度快、整齐度好、抗病力强、饲料转化比高、饲养成本低的优势，深受广大养殖户欢迎，非常适合我国香港及内地市场的销售，符合育种目标的设定。

5.2 经济效益分析

5.2.1 父母代种鸡经济效益分析

科朗麻黄鸡配套系经过多个世代的高强度选育，生产性能得到大幅度提高，与其他同类型配套系相比较，父母代种鸡产蛋性能高，种蛋合格率及孵化率比同类型配套系高1～2个百分点，父母代种鸡66周龄只入舍母鸡可增产鸡苗6羽，喂料量也少10g/d，按年推广65万套父母代种鸡，每只苗平均1.5元利润计算，种鸡年新增效益585万元。

5.2.2 商品代肉鸡经济效益分析

据测定，科朗麻黄鸡配套系商品代肉鸡的公鸡饲养到70日龄时上市，体重达到1 800g以上，饲料转化比为（2.3～2.4）：1；母鸡70日龄上市，体重达到1 500g以上，饲料转化比为（2.5～2.6）：1。由于商品代肉鸡体型圆滚，脚短而粗，肉质好，非常符合我国香港市民对此类活鸡和冰鲜鸡需求，香港市场的占有率越来越大，售价也要高出同类产品。以推广2 359万只商品代肉鸡计算，每只肉鸡销售价格多1.5元/只，可新增利润3 538.5万元。

6 育种成果的先进性及作用意义

6.1 采用现代育种技术，培育出适合我国香港消费要求的矮脚和粗胫的新品系

科朗麻黄鸡脚短、胫粗，腿粗、胸宽，皮肤毛孔细，皮表光滑，饲料转化比高。经测定，商品肉鸡70日龄母鸡的屠宰率90%左右，饲料转化比约为2.50：1，受到了香港市场的广泛欢迎，成为香港家喻户晓的优质鸡品牌“泰安鸡”，并获得“最佳母鸡奖”“最佳公鸡奖”等的殊荣。在我国香港活鸡市场的占有率达到40%以上。

6.2 分子标记技术在品种培育中的应用

（1）运用分子检测技术替代常规的测交方法，快速正确地找出显性白突变个体并剔除，使品系的隐性白羽基因率达到100%。通过两个世代的分子基因检测，目前在科朗麻黄鸡商品代的麻黄羽率达到100%，在广东及至全国达到领先水平。

（2）采用荧光定量PCR技术，对慢羽型RW品系中公鸡纯、杂合子进行分子鉴定，剔除慢羽型杂合子个体。并将纯合型基因个体通过后代的苗鸡生羽情况，再次确定个体的基因纯合度。分子育种技术的应用，克服了对慢羽公鸡测交后长期观测后代造成的大量经费投入，缩短了育种时间，快速达到了纯合慢羽品系育成的目标。到第7个世代，RW品系慢羽率达99%以上，将羽速自别雌雄麻黄鸡配套系的中试提前了2年以上。

6.3 疾病净化新技术的率先应用

通过引进法国e-C. A. T胚胎内注射设备，对各品系18.5日龄胚胎进行药物注射，有效地减少经蛋传播的垂直性疾病（如鸡白痢等），同时结合ELISA和PCR实验室检测诊断技术，严格剔除白血病阳性个体，经过3个世代以上的净化工作，目前各品系白血病阳性率低于1.5%，其中RW品系第9世代白痢检测结果为全阴性，净化效果明显。白痢阳性率低于0.3%，比目前其他公司采用的通用技术时间提高了1倍。

7 推广应用的范围、条件和前景

科朗麻黄鸡父母代种鸡繁殖性能高，鸡苗成本低。商品代体型浑圆匀称，腿肌发达，均匀度好，屠宰率高，红色单冠直立，抗逆性强。得到广大客户的肯定，特别是我国香港市场客户的欢迎，为客户创造了可观的利润。该配套系的中试，取得了良好的经济效益、社会效益和生态效益，展现了良好的市场推广前景。

金陵花鸡配套系

证书编号： 农 09 新品种证字第 66 号
培育单位： 广西金陵农牧集团有限公司
广西金陵家禽育种有限公司

金陵花鸡父母代公鸡

金陵花鸡父母代母鸡

商品代公鸡

商品代母鸡

商品代公鸡群体

商品代母鸡群体

1 培育单位概况

1.1 广西金陵农牧集团有限公司

广西金陵农牧集团有限公司（原为广西金陵养殖有限公司）位于南宁市西乡塘区金陵镇陆平村，距南宁市中心31km。公司前身南宁市金陵黄雄种鸡场，创办于1997年，现总注册资本金为2.2亿元，总占地面积为153.3hm^2。我公司是一家集种鸡育种、肉鸡养殖、种猪繁育、肉猪养殖、饲料加工、有机肥料加工于一体的大型现代化农牧集团；是国家肉鸡产业技术体系南宁综合试验站、中国黄羽肉鸡行业二十强优秀企业、中国畜牧行业百强优秀企业、农业部肉鸡养殖标准化示范场、全国科普惠农兴村示范单位、广西农业产业化重点龙头企业、广西优良种鸡培育中心、广西无公害肉鸡养殖基地、广西重点种禽场、南宁市“菜篮子”工程建设基地、广西科技种养大王。公司通过ISO9001：2008质量管理体系认证。

公司始终将质量管理放在重要位置，并不断追求更高层次的发展。公司以科技兴业为出发点，与中国农业科学院北京畜牧兽医研究所、中国农业科学院家禽研究所、广东省农业科学院、山东省农业科学院家禽研究所、江苏省家禽科学研究所、华南农业大学、东北农业大学、广西大学动物科学技术院、广西区畜牧研究所及广西区兽医研究所等单位开展技术创新合作，将科研成果迅速转化为生产力，为广大养殖户脱贫致富做出了应有的贡献。

公司种禽事业部现有员工1 200多人，其中大、中专学历以上技术管理人员60余人，有基因库、祖代场、父母代种鸡场、饲料厂、标准化肉鸡公司等。育种中心拥有个体笼位1.7万余个，祖代场存栏开产种鸡3.5万套。目前，公司存栏各种优质鸡品系40多个，向市场推出优质鸡品种（配套系）8个，其中金陵麻鸡（配套系）、金陵黄鸡（配套系）于2009年通过国家新品种（配套系）审定。公司每年生产父母代种鸡200多万套，存栏父母代种鸡110余万套，生产鸡苗8 000多万只。“公司＋基地＋农户”养殖基地肉鸡存栏350万只，年出栏肉鸡2 000多万只，公司整个养鸡业年销售收入达6.9亿元。

1.2 广西金陵家禽育种有限公司

广西金陵家禽育种有限公司是广西金陵农牧集团有限公司的全资子公司，主要负责公司地方鸡保种、开发利用和肉鸡配套系选育繁育工作。

2 培育背景与培育目标

2.1 培育背景

广西壮族自治区是我国家禽养殖大省，已有6个地方品种和6个新品种（配套系）通过国家审定，其中龙胜凤鸡列入《国家级畜禽品种资源保护名录》，优质肉鸡年出栏在6亿只以上。外观好、肉质鲜美、耐粗饲是这些鸡的共同特点，但也普遍存在着生长速度慢、饲料转化差、繁殖力和屠宰率低等问题。以目前饲养量较大的玉林三黄鸡和广西麻鸡来看，一般入舍母鸡产蛋量140～150枚，种蛋合格率低于86%，商品代母鸡110天体重在1.6kg左右，料蛋比达到（3.8～4.2）：1，商品代公鸡由于饲料报酬低和生长速度慢基本无人饲养，全年鸡苗平均售价低于0.5元/羽，远远低于鸡苗的平均生产成本。这些品种鸡选育程度不高，饲料转化率低、生长速度慢，成本和售价都偏高，再加之养殖以单一品种为主，难以满足差异化的市场需求。

2.2 培育目标

公司依托广西优质地方鸡品种资源，利用现代家禽育种技术，通过新品系的培育、品系选育和品系配套生产的研究和实践，在尽量保持原有优质鸡肉质好、抗逆性强特点的基础上，开展金陵花鸡配套系的育种工作，以显著提高配套系的繁殖力、饲料报酬和生长速度。“花”是广西方言对“麻”的称谓，花鸡也就是麻羽鸡的意思。配套系商品代肉鸡羽色以麻羽为主，所以根据地方习惯命名为金陵花鸡。

3 配套系的组成及特征特性

3.1 配套系组成

金陵花鸡配套系属三系配套系。该配套系以C系（公）和L系（母）生产的F1代母鸡作为母本，以E系为终端父本，向市场提供金陵花鸡父母代种鸡和商品代肉鸡。其配套模式见图1。

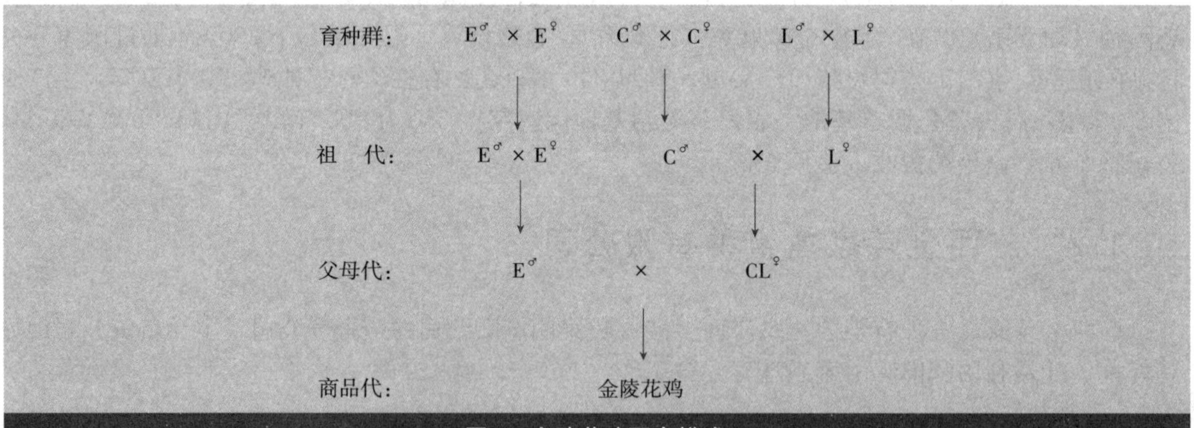

图1 金陵花鸡配套模式

3.2 配套系外貌特征及特性

3.2.1 各品系外貌特征及特性

3.2.1.1 E系：麻羽，快羽

公鸡：成年公鸡颈羽为红色，尾羽黑色有金属光泽，主翼羽麻色，背羽、鞍羽深黄色，腹羽

黄色杂有麻色；体型大，方形、身短，胸宽背阔；冠、肉垂、耳叶鲜红色，冠高，冠齿5～9个，喙褐色或黄色；胫、趾黄色，胫粗、长；皮肤黄色。

母鸡：羽色以麻色为主，少数鸡只为黄色、麻褐色；体型大，方形；冠、肉垂、耳叶鲜红色，冠高和直立，冠齿5～8个，喙为黄色或褐色；胫、趾黄色，胫粗、长；皮肤黄色。

3.2.1.2 C系：花鸡，快羽

公鸡：颈羽为深红色，尾羽黑色有金属光泽，主翼羽麻色，背羽、鞍羽为深黄色，腹羽以黄色为主、杂有少量麻黄色；体型为方形、偏长，胸宽背阔；冠、肉垂、耳叶鲜红色，冠高，冠齿5～9个，喙黄色或褐色；胫、趾黄色，胫较粗、短；皮肤黄色。

母鸡：羽色以麻黄为主，少数鸡只为麻黑、麻褐色；体型较大，方形；冠、肉垂、耳叶鲜红色，冠高，冠齿5～8个，喙黄色、褐色或黄褐色钩状；胫、趾黄色，胫粗、短；皮肤黄色。

3.2.1.3 L系：麻黄羽，慢羽

公鸡：颈羽为深红色，尾羽黑色有金属光泽，主翼羽麻黄色，背羽、鞍羽为深黄色，腹羽为黄色；体型较大，胸宽背阔，胸肌发达；冠、肉垂、耳叶鲜红色，冠高、厚、直立，冠齿5～9个，喙黄色带钩；胫短、粗，胫、趾和皮肤都为黄色。

母鸡：羽色以麻黄为主，少数鸡只为黄色；体型中等，方形；冠、肉垂、耳叶鲜红色，冠高、直立，冠齿5～8个；胸肌发达，胫短、粗；喙、胫、趾、皮肤皆为黄色。

3.2.2 父母代外貌特征

父母代公鸡：同E系公鸡。

父母代母鸡：羽色以麻黄为主，少数鸡只为麻色、麻褐色、麻黑色；体型较大，方形；冠、肉垂、耳叶鲜红色，冠高，冠齿5～8个，喙黄色、褐色或黄褐色；胫、趾黄色，胫较粗；皮肤为黄色。

3.2.3 商品代外貌特征

公鸡：颈羽红黄色，尾羽黑色有金属光泽，主翼羽麻色，背羽、鞍羽深黄色，腹羽黄色或少量麻色；体型方形，胸肌发达；冠、肉垂、耳叶鲜红色，冠高，冠齿5～9个，喙黄色或褐色钩状；胫、趾、皮肤皆为黄色。

母鸡：羽色以麻黄为主，少数鸡只为麻色、麻褐色；体型较大，方形；冠、肉垂、耳叶鲜红色，冠高，冠齿5～8个，喙黄色、褐色或黄褐色钩状，虹彩黄色；胫、趾、皮肤皆为黄色。

3.3 配套系生产性能

3.3.1 各品系生产性能

C系、L系、E系主要生产性能见表1。

表1 配套系各纯系的主要生产性能情况

项目	性能标准		
	C系	L系	E系
0～23周龄成活率（%）	93～95	93～95	93～95
24～66周龄成活率（%）	93～95	93～95	93～95

（续）

项　　目	性能标准		
	C 系	L 系	E 系
5%开产周龄	24～25	24～25	25～26
5%开产周龄体重（g）	2 300～2 400	2 300～2 400	2 400～2 600
43 周龄龄体重（g）	2 800～2 900	2 800～2 900	2 850～2 950
43 周龄平均蛋重（g）	58～62	57～62	59～65
66 周龄入舍鸡（HH）产蛋量（个）	170～172	160～162	168～170
种蛋合格率（%）	94～95	93～95	93～94
种蛋受精率（%）	93～96	93～95	94～96
受精蛋孵化率（%）	90～95	91～95	91～92
0～23 周龄只耗料量（kg）	9.0～10.0	9.0～10.0	10.5～11.5
24～66 周龄只耗料量（kg）	38.5～39.5	38.5～39.5	40～41

3.3.2　父母代生产性能

金陵花鸡父母代种鸡主要生产性能见表 2。

表 2　父母代种鸡主要生产性能

项　　目	生产性能	测定结果*
0～24 周龄成活率（%）	93～95	96.7
24～66 周龄成活率（%）	91～94	96.6
开产周龄	24～25	24
23 周龄体重（g）	2 250～2 350	2 318
66 周龄体重（g）	2 950～3 150	3 205
入舍鸡（HH）产蛋数（个）	170～175	174.6
种蛋合格率（%）	92～96	92.95
种蛋受精率（%）	94～96	96.4
受精蛋孵化率（%）	90～93	91.2
入孵蛋孵化率（%）	85～89	88
健雏率（%）	98.5～99.5	99.2
0～23 周龄只耗料量（kg）	9.0～10.0	9.67
24～66 周龄只耗料量（kg）	38.5～39.5	39.12

注：* 为农业部家禽品质监督检验测试中心（扬州）检测结果。

3.3.3　商品代生产性能

金陵花鸡商品代肉鸡生产性能见表 3。

表 3　金陵花鸡商品代生产性能

项目	企业测定结果			测定结果*		
	公	母	平均	公	母	平均
出栏日龄	49	63	57	49	49	49
体重（g）	1 950～2 100	1 950～2 100	1 950～2 100	2 001.1	1 565.5	1 783.3
饲料转化比	(1.95～2.05)：1	(2.40～2.5)：1	(2.17～2.27)：1	—	—	2.02：1

注：标 * 为农业部家禽品质监督检验测试中心（扬州）检测结果。

金陵花鸡商品代肉鸡屠宰测定及肉质测定结果见表 4。

表 4　金陵花鸡商品代屠宰测定及肉质测定结果

项目	金陵花鸡			测定结果 *
	公	母	平均	平均
鸡数（只）	30	30	60	—
日龄	42	48	45	49
体重（g）	1443±43	1455±24	1449	1783.3
屠宰率（%）	92.1±2.0	90.4±0.7	91.2	91.2
半净膛率（%）	86.7±1.3	85.2±1.2	85.9	84.4
全净膛率（%）	70.5±1.2	70.7±1.1	70.6	69.0
胸肌率（%）	17.1±1.3	16.6±1.3	16.8	25.5
腿肌率（%）	19.0±1.1	17.8±1.0	18.4	19.7
腹脂率（%）	3.8±1.1	4.6±1.3	4.2	4.3
水分（%）*	72.0	72.2	72.1	—
肌苷酸（mg，以 100g 计）**	334.2	408.8	371.5	—
氨基酸（g，以 100g 计）**	21.9	22.2	22.0	—
肌间脂肪（g，以 100g 计）**	1.16	0.78	0.97	—

注：* 为农业部家禽品质监督检验测试中心（扬州）检测结果。

**为广西分析检测研究中心结果，公鸡日龄为 49d，母鸡日龄为 63d。

4　选育技术路线及主要选育性状

4.1　选育技术路线

首先我们广泛引进和利用公司储备的快大麻羽肉鸡、广西麻鸡、快大型白羽肉鸡等多种基础育种素材，并对其进行评估和整理。育种素材准备好之后，开始进行杂交制种和横交固定，形成专门化品系，在这个过程中针对体重、体型外貌、羽色、繁殖性能、肉用性能等性状进行选育，并通过测验杂交和分子生物学辅助技术，对一些性状进行选择，最终形成体型外貌和生产性能都能稳定遗传的专门化品系。通过测定，获得各个专门化品系的生产性能指标，并根据公司的育种需要设计不同的杂交组合，开展大规模的配合力测定。利用重复和扩大试验筛选和验证最优配套系杂交组合模式。最终，公司将产品和相关饲养管理技术打包，进行配套系的中试推广应用。

配套系选育技术路线见图 2。

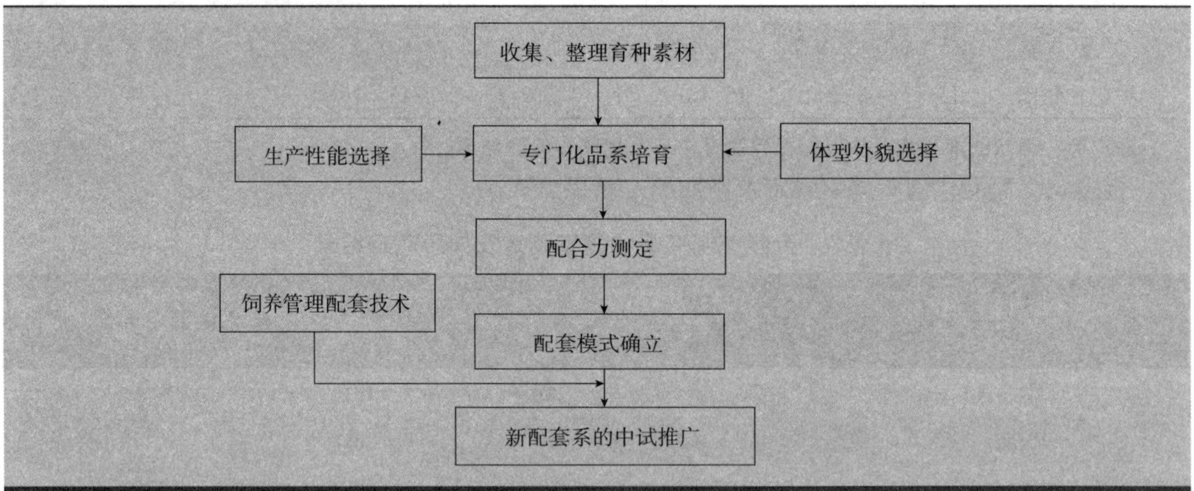

图 2 技术路线

4.2 主要选育性状

根据各品系的特点和公司的实际需求，重点对质量性状（包括羽色、快慢羽等）和数量性状（体重、体尺、产蛋量、产蛋率、种蛋合格率、孵化率等）采取了不同的选种方式。质量性状采用独立淘汰法；数量性状采用个体选育和家系选育相结合的方法，对遗传力相对较高的数量性状（如体重等）以个体选择为主，遗传力相对较低的性状（如产蛋量）以家系选择为主。主要选育性状：

4.2.1 羽毛颜色

羽毛颜色通过表型性状个体选择或测验杂交直接淘汰。分别在初生时、8～12 周龄进行选择，一些品系的公鸡也通过测交方法，逐渐淘汰含有杂合基因的不合格鸡。

4.2.2 皮肤和胫色

一般在初生和 7～12 周龄选择。

4.2.3 体重

6 周龄末（42 日龄）体重作为选种标准；根据不同的品系在配套系中的作用不同，一般的原则为母鸡淘汰平均体重 5%以下的鸡只，公鸡则选留超过平均体重 5%以上的鸡只。

4.2.4 产蛋性能

采用家系选择与个体选择相结合的方法，根据家系的平均值选择家系，再根据选留家系内个体的产蛋成绩淘汰家系内成绩差的个体。为了避免近交系数随世代的增加而过高，母鸡选择时也选留一部分家系成绩不好，但个体成绩较好的个体进入家系核心群。根据全同胞和半同胞产蛋成绩选留公鸡。种蛋合格率作为产蛋性能的辅助指标，一般根据个体成绩选留。

5 中试应用情况与经济效益分析

5.1 中试应用情况

中试应用的推广范围主要为广西的南宁市、桂林市、柳州市、百色市、河池市、玉林市等地区，特别是桂林的漓源公司和柳州的实隆公司，每年示范饲养金陵花鸡商品代肉鸡均在 150 万只以上，对带动广西农村经济建设具有重要的作用。在 2012—2014 年三年时间内，累计中试应用推广金陵花鸡父母代种鸡 40.8 万套、商品代肉鸡1 879.6 万只，向社会提供商品代雏鸡5 713.4 万只。

公司通过建设示范基地来带动金陵花鸡配套系的推广应用，公司建设的肉鸡养殖示范基地，在南宁市周边县份及百色市的田东县、田阳县以“公司＋基地＋农户”的模式直接带动 780 户农户从事金陵花鸡商品肉鸡的专业化生产，引领他们脱贫致富；间接带动 2 000 多农户从事金陵花鸡的专业化生产、销售工作，经济效益和社会效益显著，深受当地政府和养殖户的欢迎与喜爱。公司年生产金陵花鸡父母代种鸡 50 万套、商品代鸡苗2 370万只以上。公司建设的金陵花鸡配套系主要示范基地基本情况见表 5。

表 5　公司建设的金陵花鸡配套系主要示范基地基本情况

基地名称	地　址	饲养品种	年饲养量（万套、万只）
南宁市金陵种鸡场	南宁市西乡塘区金陵镇	金陵花鸡父母代种鸡	19.9
隆安凤鸣种鸡场	南宁市隆安县那桐镇	金陵花鸡父母代种鸡	6.8
渌水江肉鸡养场	南宁市隆安县那桐镇	金陵花鸡商品肉鸡	80
南宁金陵王畜禽养殖公司	南宁市西乡塘区金陵镇、坛洛镇、双定镇	金陵花鸡商品肉鸡	250
田东雄桂农牧公司	百色市田东县林逢镇、思林镇	金陵花鸡商品肉鸡	220
武鸣金陵肉鸡公司	南宁市武鸣县城厢镇	金陵花鸡商品肉鸡	150

5.2 经济效益分析

按平均每只雏鸡售价 2.04 元、每只商品鸡售价 23.99 元、每套父母代种鸡饲养利润 26.20 元、每只商品鸡饲养利润 1.65 元来计算，金陵花鸡配套系在 2012—2014 的三年时期实现总产值 5.68 亿元，创造利润 4 168.33 万元。详情见表 6。

表 6　2012—2014 年金陵花鸡配套系经济效益汇总

项目	2012	2013	2014	合计
父母代种鸡（万套）	10.5	13.4	16.9	40.8
商品代鸡苗（万只）	1 461.6	1 877.3	2 374.5	5 713.4

（续）

项目	2012	2013	2014	合计
商品肉鸡（万只）	520.3	625.8	733.5	1 879.6
鸡苗产值（万元）	2 674.73	3 754.68	5 223.79	11 653.20
肉鸡产值（万元）	12 497.61	14 887.78	17 714.03	45 099.41
产值合计（万元）	15 172.33	18 642.46	22 937.82	56 752.61
种鸡利润（万元）	294.00	268.00	507.00	1 069.00
肉鸡利润（万元）	858.50	788.51	1 452.33	3 099.33
利润合计（万元）	1 152.50	1 056.51	1 959.33	4 168.33

6　育种成果的先进性及作用意义

金陵花鸡配套系的选育，除通过个体选育和家系选育使各品系的生产性能有了较大的提高外，在育种技术方面，还具有以下创新。

（1）应用伴性遗传技术，父母代自别雌雄，商品代全为快羽，在不影响商品代外观的情况下，方便了祖代种鸡生产。具体遗传方式为见图 3。

祖　代：E（Z^kZ^k快羽）×E（Z^kW 快羽）　　C（Z^kZ^k快羽）×L（Z^KW 慢羽）

↓　　↓

父母代：　E（Z^kZ^k快羽）　×　CL（Z^kW 快羽母本，Z^KZ^k慢羽杂合子公鸡）

↓

商品代：　ECL Z^kZ^k（快羽公鸡）Z^kW（快羽母鸡）

图 3　金陵花鸡父母代自别雌雄羽速遗传方式

在对公鸡尾羽长速不要求的市场或屠宰市场，通过改变配套方式，以上三系配套也可实现商品代自别雌雄，为今后配套系的发展，提供了可能的选择，具体遗传方式见图 4。

祖　代：E（Z^kZ^k快羽）×E（Z^kW 快羽）　　L（Z^KZ^K慢羽）×C（Z^kW 快羽）

↓　　↓

父母代：　E（Z^kZ^k快羽父本）　×　LC（Z^KW 快慢母本，Z^KZ^k慢羽杂合子公鸡）

↓

商品代：　ELC Z^KZ^k（慢羽杂合子公鸡）Z^kW（快羽母鸡）

图 4　商品代自别雌雄羽速遗传方式

（2）通过在父系中引进快大型白羽肉鸡血缘基因，使配套系在商品代的生长速度、饲料在转化比、屠宰性能得到了较大的提高。通过生产实践和测定数据可以看出，在饲料转化比方面，金陵花鸡已经接近快大肉鸡的生产水平，在生长速度方面，也在目前国内自行培育的新品种（配套系）中占领先地位。

（3）金陵花鸡屠宰性能好，出栏时主要屠宰指标接近快大鸡生产水平，特别是屠宰率、胸肉率、全净膛率、腿肌率等指标，与快大肉鸡差别不大，适合屠宰上市，为今后优质鸡冰鲜上市提供了良好的选择。与国内一些上市肉鸡主要屠宰性能指标见表7。

表7 国内一些上市肉鸡主要屠宰性能指标

品 种	出栏日龄	出栏体重（g）	屠宰率（%）	全净膛率（%）	胸肌率（%）	腿肌率（%）
金陵花鸡[1]	49	1 783.3	91.2	69.0	25.5	19.7
快大肉鸡[2]	42	2 489.0	92.4	71.0	23.8	14.3
817 肉鸡[3]	49	1 806.0	89.3	69.4	23.1	22.0
同类快大鸡[4]	70	2 030	90.8	69.5	20.0	23.5

注：1. 引用国家测定数据；2. 快大肉鸡的腿肌率为全腿；3. 引用山东农科院家禽所曹顶国测定数据，配套为科宝公鸡×海兰母鸡；4. 引用国家审定品种数据。

7 推广应用的范围、条件和前景

金陵花鸡主要推广地为广西、广东、云南、贵州、四川、新疆、湖南、山西等省份，父母代种鸡和肉鸡既可笼养，也可平养；商品肉鸡既可全封闭养殖，也可采用开放式鸡舍养殖，适应不同的生产环境。通过三系配套生产的金陵花鸡，各品系来源不同，杂种优势明显，具有生长速度快、抗逆性强、均匀度好的优点，冠大、鲜红色、直立不倒、卖相好，产品既可直接销售活鸡，也可屠宰上市，满足不同需求，市场前景广阔。

大午金凤蛋鸡配套系

证书编号： 农 09 新品种证字第 67 号

培育单位： 河北大午农牧集团种禽有限公司
中国农业大学

大午金凤蛋鸡配套系 E 系公鸡

大午金凤蛋鸡配套系 E 系母鸡

大午金凤蛋鸡配套系 A 系公鸡

大午金凤蛋鸡配套系 A 系母鸡

大午金凤蛋鸡配套系 B 系公鸡

大午金凤蛋鸡配套系 B 系母鸡

大午金凤蛋鸡配套系父母代公鸡

大午金凤蛋鸡配套系父母代母鸡

大午金凤蛋鸡配套系商品代代蛋鸡

1 培育单位概况

1.1 河北大午农牧集团种禽有限公司

河北大午农牧集团创建于1984年，经过30多年的发展，现已成为集养殖业、种植业、加工业、教育业为一体的大型民营企业，年产值20多亿元，是省级农业产业化经营重点龙头企业。集团下辖种禽有限公司、饲料有限公司等18家子公司和新希望大午农牧有限公司、大午酒业宜宾酿酒基地2家合资公司。

河北大午集团种禽有限公司是河北大午农牧集团下属独立子公司，经营蛋鸡育种、扩繁、孵化和养殖，是集团创办以来的基础产业。公司于1984年建立商品代蛋鸡场，1996年建立祖代鸡场，2004年从北京市华都育种公司良种基地一次性买断“京白939”所有权，引进了相关纯系，开始蛋鸡品种选育的工作。公司现有员工500余人，大中专学历及以上技术人员150余人。公司下设原种鸡场2个、祖代鸡场1个、父母代种鸡场3个、孵化厅4座。公司育种场现有蛋用型鸡品系7个，家系数量400余个，个体笼观测鸡群2万余只。公司是农业部首批蛋鸡核心育种场、农业部蛋鸡标准化示范场、河北省重点种鸡场、河北省畜禽遗传资源保种场及省科技产业技术园区，是中国畜牧业协会禽业分会副会长单位，河北省家禽协会副会长单位，是全国蛋鸡企业20强，2008年成立国家蛋鸡产业技术体系徐水综合试验站，2012省科技厅批准成立“院士工作站”。

公司拥有一支强有力的育种团队。蛋鸡体系首席科学家杨宁教授、中国农业大学宁中华教授、徐桂云教授、中国畜牧业协会宫桂芬副秘书长等专家为公司提供强有力的技术支撑，并通过国家蛋鸡产业技术体系与世界著名蛋鸡育种专家吴常信院士和著名禽病专家刘秀梵院士对接和合作。

公司充分利用在蛋鸡领域形成的技术优势，努力把公司发展成为全国知名的良种蛋鸡育种及繁育基地。公司坚持以培育和推广民族优秀鸡种为己任，以科技创新、诚信服务、共谋发展的企业文化理念，努力为我国家禽事业的健康发展做出更大贡献。

1.2 中国农业大学

中国农业大学是教育部直属、进入国家“211”工程和“985”工程建设的全国重点大学，是我国现代农业高等教育的起源地。下属动物科技学院，前身是北京农业大学畜牧学系，至今已有80多年的历史。学院设动物遗传育种与繁殖、动物营养、草业科学和畜牧生物工程4个硕士专业，以及动物遗传育种与繁殖、动物营养和草业科学3个博士专业；有畜牧学科博士后流动站1个。拥有动物遗传育种与繁殖学、动物营养与饲料科学和草业科学三个国家重点学科。学院现有教师122人，其中中国科学院院士1人。学院始终围绕我国国民经济发展中的重大科技问题开展科学研究。在家禽研究方面，学院承担了蛋鸡新品系的选育、饲养管理、疾病防控、饲料营养和质量检测等方面的国家科技攻关和农业部科研项目，取得了多项重要的科研成果，对我国家禽业发展做出了重大贡献。

2008年12月，国家发展和改革委员会批准在中国农业大学建设畜禽育种国家工程实验室。该实验室立足于建立我国畜禽育种领域中共性关键技术和工程化应用技术研发与扩散的基地，以此作为国家动物遗传育种技术创新体系中的重要支撑组成部分，构建我国畜禽遗传资源利用、育种和繁殖产业化技术重要平台，搭建衔接畜禽遗传育种基础研究和工程化、产业化开发与现代畜牧企业的桥梁。作为我国畜禽品种培育最重要的研发基地之一，承担畜禽遗传育种与繁殖相关的国家重点攻关项目，培养畜禽育种技术高级人才。

2 培育背景与培育目标

2.1 培育背景

鸡蛋是我国传统消费食品，作为最廉价的动物性蛋白质来源之一，鸡蛋在改善人民生活水平、调节膳食结构中起着重要作用。我国是世界蛋鸡生产大国，总量占世界的 40%，蛋鸡存栏已连续 30 多年位居世界第一，鸡蛋年人均占有量 19kg，已达到发达国家水平。改革开放初期，由于我国蛋鸡育种工作与国外相比严重滞后，为了满足人们对物质需求的快速增长，我国引进了红羽褐壳蛋鸡品种，国外蛋鸡品种一度占有国内蛋鸡市场绝大部分份额。随着我国国力的增强和育种技术的发展，已经具备了开展蛋鸡现代化育种的素材优势、技术优势和完善的研发推广机制。

从养鸡业持续稳定发展的角度看，加强国内蛋鸡良种培育具有十分重要的战略意义。首先，可以从根本上防止国外育种公司对我国实行种源控制，进而降低我国蛋鸡产业发展的种源风险。同时，可以为国家节省大量外汇，目前我国每年进口祖代蛋种鸡数量为 30 万套，由于有自己的民族鸡种，进口祖代鸡价格每只 30 美元，而日本和中东一些国家由于没有自己的民族鸡种，进口同样的祖代鸡每只则需要 100 美元（甚至进口祖代鸡场每出售一套父母代种鸡都需要向国外育种公司交一定量的专利费用）。因此，不断提高我国家禽优良品种选育水平，完善良种繁育体系，以种禽企业为主体，以科研院所为技术依托，鼓励企业自主研发选育优良蛋鸡品种是保证我国蛋鸡产业稳步发展的基础。

目前，我国粉壳蛋鸡养殖数量约为 3.3 亿只，现有的粉蛋鸡配套系都是洛岛红或洛岛白和白来航杂交所得，由于白来航带有显性白羽基因，所以商品代基本都是白羽或略带有色羽，外貌特征不能完全满足市场需求。

现有粉壳蛋鸡配套系父母代雏鸡依靠人工翻肛鉴别、商品代羽速自别雌雄。而羽色自别雌雄只有在褐壳蛋鸡中应用。大午种禽公司和中国农业大学育种专家合作，深入研究了羽色遗传机制，将褐壳蛋鸡的羽色自别技术成功运用到粉壳蛋鸡育种中。禽类的性别决定机制为 ZW 型，即雄性为 ZZ 型，雌性为 ZW 型，金银羽基因 *Ss* 与快慢羽基因 *Kk* 同为 Z 染色体上的伴性遗传基因，控制鸡的羽色。*S* 为显性，控制银色羽；*s* 为隐性，控制金色羽。根据伴性遗传理论，利用具有银白色显性伴性基因 S 的种母鸡，与具有纯合金黄色隐性的伴性基因 *ss* 种公鸡配对，其子一代公雏呈现母本银白绒羽，而母雏呈现父本隐性金黄色绒羽，因此能培育出羽色自别雌雄的品种。20 多年前，人们就发现洛岛红和白来航杂交后代中带有红色羽的都是母鸡，但比例很小。大午种禽公司育种团队对这个羽色伴性遗传现象进行了统计，红羽率约占 10%。宁中华教授通过深入研究，于 2007 年发表了“粉壳蛋鸡羽色自别配套系选育初探”。在中国农业大学的帮助下，大午种禽公司立项开展粉壳蛋鸡羽色自别配套系的选育研究。通过测交试验和基因鉴定，在白来航系列纯系鸡群中发现了限制显性白羽的缺失基因。历经 5 年，成功培育出了粉壳蛋鸡羽色自别雌雄的蛋鸡配套系——大午金凤，在国内外均属首创的粉壳蛋鸡羽色自别配套系。

2.2 培育目标

根据市场调查，红羽鸡因为适应性强、啄死淘率低、生产性能稳定、淘汰鸡价值高的独特优势一直备受养殖户的青睐，而粉壳蛋则是中国的一大特色，尤其受到中国消费者的喜爱，把这两者结合起来，可谓是中国广大养鸡户的急切期盼。目前，我国市场上粉壳蛋鸡品种主要是花羽或白羽粉壳蛋鸡，淘汰鸡价格低于红羽鸡，而销售淘汰鸡是中国的一大特色，也是中国养鸡户的重要经济收入之一。国人对淘汰鸡的羽色、外貌、体型、体重等有较高的个性要求。淘汰蛋鸡的体型外貌符合市场需求，就能获得更高价格、更多收益。另外，国外培育品种引进成本高，容易受到疫情、供种能力等的影响，而且国外的环境和国内有较大差异，引进品种要求的饲养环境条件更为严格。因此，我们的育种目标是培育适应我国市场需求和饲养条件的高产红羽产粉壳蛋鸡配套系。在设定育种目标、制订育种方案时充分考虑国内蛋鸡生产的实际条件和市场需求，选择适合的育种素材，培育出适应中国市场和饲养条件的优秀蛋鸡新品种。

3 配套系的组成及特征特性

3.1 配套系组成

大午金凤蛋鸡配套系是由三系配套而成，组合模式为E×（A×B)，配套系父母代羽速自别雌雄、母雏为快羽。具体的配套模式见图1。

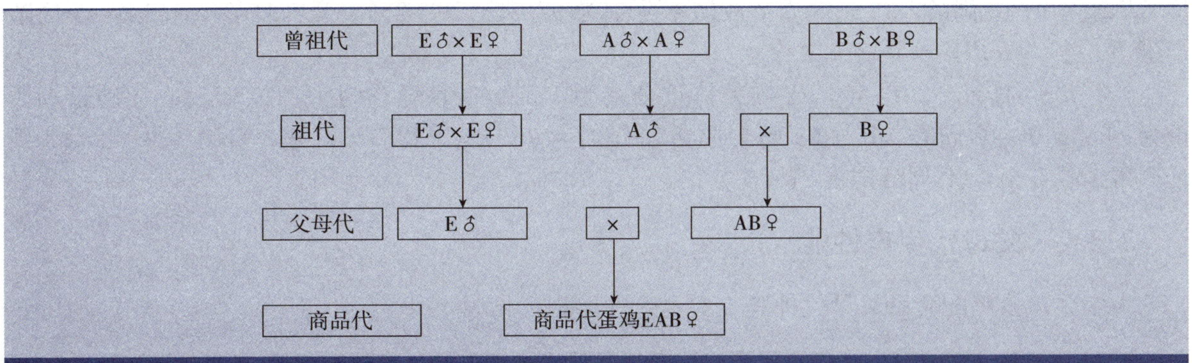

图1 配套模式

3.2 配套系外貌特征及特性

3.2.1 各品系外貌特征及特性

3.2.1.1 E系 为红羽快羽、产褐壳蛋，洛岛红品系；体型健壮，喙为褐黄色、黄脚，单冠直立、冠色鲜红、冠齿5～7个、肉髯鲜红色、耳叶为粉红色，羽毛丰满。

3.2.1.2 A系 为白羽快羽、产白壳蛋，白来航品系；体型清秀，黄喙、黄脚，单冠倒向一侧、冠色鲜红、冠齿 5～7 个、肉髯鲜红色、耳叶为白色，羽毛丰满。

3.2.1.3 B 系 为白羽慢羽、产白壳蛋，白来航品系；体型清秀，黄喙、黄脚，单冠倒向一侧、冠色鲜红、冠齿 5～7 个、肉髯鲜红色、耳叶为白色，羽毛丰满。

3.2.2 父母代外貌特征

大午金凤配套系父母代母系羽速自别雌雄，母鸡全身羽毛为白色，喙、胫、皮肤为黄色，体型适中，单冠倒向一侧，冠色鲜红、冠齿 5～7 个、肉髯鲜红色、耳叶为白色，羽毛丰满。父系公鸡全身红褐色羽毛，体型健壮，喙为黄褐色，胫、脚为黄色，单冠直立、冠色鲜红、冠齿 5～7 个、肉髯鲜红色、耳叶为粉红色，羽毛丰满。父母代种鸡适应性强、产蛋率高、生产性能稳定、蛋重适中、种蛋合格率和孵化率高。

3.2.3 商品代外貌特征

大午金凤配套系商品代蛋鸡羽色自别雌雄，成年鸡全身红羽，尾尖和翅尖有极少量白羽，体型矫健，单冠、冠齿 5～7 个，喙、胫、皮肤为黄色。具有均匀度好、适应性强、啄死淘率低、产粉壳蛋、蛋壳颜色好、蛋重适中、淘汰鸡价格高等特点。

3.3 配套系生产性能

3.3.1 各品系生产性能

3.2.1.1 E 系 2014 年，18 周龄体重公鸡为 1 829.4g，母鸡为 1635.3g，68 周龄母鸡体重为2 085.2g,0～18 周龄、19～68 周龄成活率分别为 96.4%、93.8%，开产日龄 137 d，43 周龄产蛋 150.3 个，68 周龄产蛋 279.7 个。

3.2.1.2 A 系 2014 年，18 周龄体重公鸡为 1 750.6g，母鸡为 1 420g,68 周龄母鸡体重为 1 762.2g，0～18 周龄、19～68 周龄成活率分别为 97.3%、93.2%，开产日龄 137.5d，43 周龄产蛋 146 个，68 周龄产蛋 276.8 个。

3.2.1.3 B 系 2014 年，18 周龄体重公鸡为 1 500.7g，母鸡为 1 340.8g，68 周龄母鸡体重为1 650g,0～18 周龄、19～68 周龄成活率分别为 96.5%、92.5%，开产日龄 136.5d，43 周龄产蛋 143.5 个，68 周龄产蛋 275.8 个。

3.3.2 父母代生产性能

大午金凤蛋鸡配套系父母代种鸡主要生产性能指标见表 1。

表 1 大午金凤蛋鸡配套系父母代种鸡主要生产性能指标

技术指标	指标数据
育雏育成期（0～18 周龄）	
成活率（%）	94.8～96.1
18 周龄母鸡体重（g）	1 300～1 350
产蛋期（19～68 周龄）	
达到 50%产蛋率的日龄	140～145

（续）

技术指标	指标数据
68 周龄入舍鸡产蛋数（HH）（个）	270～280
蛋壳强度（kg/cm^2）	3.2～3.4
产蛋期成活率（%）	92.2～94.6
68 周龄母鸡体重（g）	1 700～1 750
68 周龄产合格种蛋数（个）	230～245
受精率（%）	95.2～97.8
入孵蛋孵化率（%）	88.5～91.0

3.3.3　商品代生产性能

表 2　大午金凤蛋鸡配套系商品代主要生产性能指标

生产性能指标	标准值
育雏育成期	
0～6 周龄成活率（%）	98.8～99.3
0～18 周龄成活率（%）	96.5～98.6
6 周龄体重（g）	430～470
18 周龄体重（g）	1 380～1 440
0～6 周龄平均耗料（kg）	1.1～1.2
7～18 周龄平均耗料（kg）	4.4～4.9
0～18 周龄累计耗料（kg）	5.5～6.1
产蛋期	
成活率（%）	93.2～95.4
达 50%产蛋率日龄	147～149
高峰期产蛋率（%）	95～97
平均蛋重（g）	62.0～63.3
72 周龄入舍鸡产蛋总数（个）	297～308
72 周龄入舍鸡产蛋总重（kg）	18.1～19.3
饲养日产蛋总数（个）	310～320

（续）

生产性能指标	标准值
饲养日产蛋总重（kg）	18.9～20.1
饲养日平均耗料（g/只）	112～116
产蛋期料蛋比	2.14～2.20
72 周龄体重（g）	1 850～1 910

4 选育技术路线及主要选育性状

4.1 选育技术路线

根据市场的发展现状和差异化育种发展趋势，以大午农牧集团种禽有限公司积累的育种素材为基础，应用数量遗传学、分子遗传学原理，与现场选育技术、测交选育技术相结合，不断改良品系性能，提高配套系综合生产性能。选育技术路线见图 2。

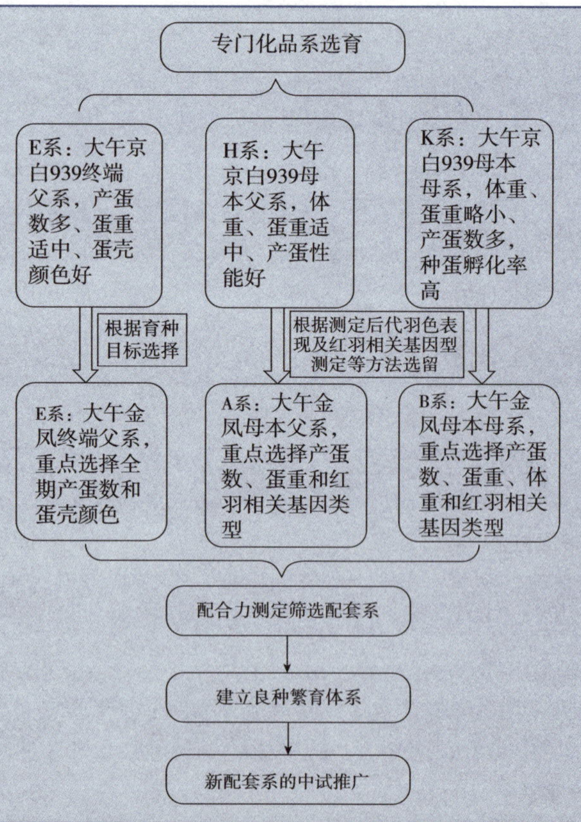

图 2 选育技术路线

4.2 主要选育性状

在家禽配套系育种和专门化品系培育中，一般根据品系在配套系中的位置和作用分为父系选育和母系选育。父系重点提高繁殖性能及产蛋数，母系主要是针对蛋重、蛋品质及适应性进行重点选择。每个专门化品系的主要选育性状如下：

E系主要选育19～43周龄产蛋数和43周龄蛋品质。

A系主要选育开产日龄、36周龄、43周龄蛋重，43周龄蛋品质，43周龄和68周龄产蛋数等。

B系主要选育初生、1周龄、6周龄、18周龄、开产、68周龄体重，开产、36周龄、43周龄蛋重。

5 中试应用情况与经济效益分析

5.1 中试应用情况

从2013年到2014年公司内部饲养父母代5.4万套，通过饲养试验，证明大午金凤蛋鸡配套系父母代种鸡抗逆性强，产蛋性能稳定，饲料转化率高，种蛋受精率、孵化率高；2014年到2015年6月在河北省内进行中试，中试数量248万只。商品代具有成活率高、均匀度好、体型外貌一致、遗传性能稳定、产蛋性能好、蛋重适中、蛋壳颜色好、淘汰鸡价值高等优点。

5.2 经济效益分析

大午金凤蛋鸡配套系推广的效益主要体现在啄死淘率低和淘汰鸡价高产生的新增纯收益。与普通蛋鸡相比，全期平均死淘率降低6～7个百分点，与普通粉壳蛋鸡全期死淘率12%～15%相比，至少降低了5个百分点，核算到每只蛋鸡上则可至少新增纯收益5.12元。由于红羽鸡淘汰价格比普通白羽或花羽高0.4元/kg，按普通蛋鸡淘汰价格8元/kg计算，红羽鸡则是8.4元/kg，大午金凤淘汰鸡重量与其他品种蛋鸡相差不大，均约为1.9kg/只，则每只蛋鸡可多获0.76元/只。合计每只可增加纯收益5.88元。扣除价格波动等方面因素的影响，平均每只蛋鸡的新增纯收益基本在5.3元/只的水平。

自2013年开始推广以来，已扩展到河北、河南、山东、山西、湖南、湖北、江苏、海南8个省份，累计推广商品鸡177.6万只，经济效益超过1 000万元，社会效益良好，养殖户反映良好，市场应用潜力巨大。

6 育种成果的先进性及作用意义

2014年9月，大午金凤蛋鸡配套系通过了河北省科学技术成果鉴定，鉴定结果为综合技术国际领先，品种配套系世界首创。其突出特点为：①应用全基因组扫描及基因型判定等生物技术，直接选择符合要求的基因型个体。②实现了红羽产粉壳蛋。③实现了粉壳蛋鸡配套系父母代羽速自别雌雄，商品代羽色自别雌雄。

“大午金凤”首先实现了粉壳鸡蛋羽色自别，经农业部家禽品质监督检验测试中心（扬州）测试，同时具备适应力强、啄死淘率低、产蛋性能好、高峰期维持时间长、蛋壳颜色光亮等优点，适应我国绝大部分地区地域和气候条件，能够显著提高蛋鸡饲养效益，市场前景广阔。

7 推广应用的范围、条件和前景

大午金凤蛋鸡配套系育种目标是根据市场需求不断提高生产性能和环境适应能力。红羽蛋鸡因其独有的优势，如生产性能好、抗病力强、淘汰鸡价格较高，一直深受养殖户的喜爱，而粉壳蛋则是中国鸡蛋市场的独有特色，培育一个红羽产粉壳蛋的蛋鸡品种，一直是国人的梦想，也是养殖户梦寐以求的品种。大午金凤的培育成功，是国内外首个红羽产粉壳蛋的蛋鸡品种，填补了国内外空白，满足了不同市场需求，具有广阔的推广和应用前景。